设 计 师 手 稿 系 列

女装款式设计 500 例·防寒服

马菡婧　马　瑜　著

中国纺织出版社有限公司

内 容 提 要

　　服装款式图的绘制是服装从业者非常重要的一项技术。本书按照服装标准化工业生产流程进行服装款式图设计，共分为三章，第一章为短款防寒服，第二章为中长款防寒服，第三章为防寒马甲。

　　本书以实践案例为主，便于学习者能在短时间内快速绘制出标准的服装款式图，轻松掌握绘图技法，适用于服装行业人员及时尚爱好者参考使用。

图书在版编目（CIP）数据

女装款式设计 500 例·防寒服 / 马菡婧，马瑜著 . --
北京：中国纺织出版社有限公司，2021.12
　（设计师手稿系列）
　ISBN 978-7-5180-9203-1

　Ⅰ.①女…　Ⅱ.①马…②马…　Ⅲ.①女服-服装款
式-款式设计　Ⅳ.①TS941.717

　中国版本图书馆 CIP 数据核字（2021）第 261621 号

责任编辑：孙成成　　责任校对：寇晨晨　　责任印制：王艳丽

中国纺织出版社有限公司出版发行
地址：北京市朝阳区百子湾东里 A407 号楼　邮政编码：100124
销售电话：010 — 67004422　传真：010 — 87155801
http://www.c-textilep.com
中国纺织出版社天猫旗舰店
官方微博 http://weibo.com/2119887771
北京华联印刷有限公司印刷　各地新华书店经销
2021 年 12 月第 1 版第 1 次印刷
开本：889×1194　1/16　印张：8.5
字数：210 千字　定价：55.00 元

前言
PREFACE

　　本书为笔者经过十多年的工作积累，总结研究出符合服装专业课堂教学及实践的绘图方法。防寒服为冬季户外必备的保暖服装，与羽绒服不同的是在填充材料上一般采用棉花、羊毛、羊绒等天然材料和一些人造防寒材料。

　　本书利用专业制图软件绘制了500例实用且时尚的防寒服流行款式，分为短款防寒服、中长款防寒服以及防寒马甲。目的是便于学习者款式查找和借鉴，以及提供规范绘图的参考，帮助服装设计专业人员拓展设计思维、加强款式图的表现力、提高服装设计的水平，进而掌握更深层次的服装表现要领。

　　在此，特别感谢阮熙科、佃夏宁、王雪瑞、穆雨萱、田元、韦依佩为本书提供的帮助。

笔者

2021年10月

目录
CONTENTS

CHAPTER 1

短款防寒服

- 合体款
- 宽松款

　　本章节中将短款防寒服分为合体款、宽松款两种。短款防寒服可以使穿着者看起来高挑修长，营造出完美的身材比例。

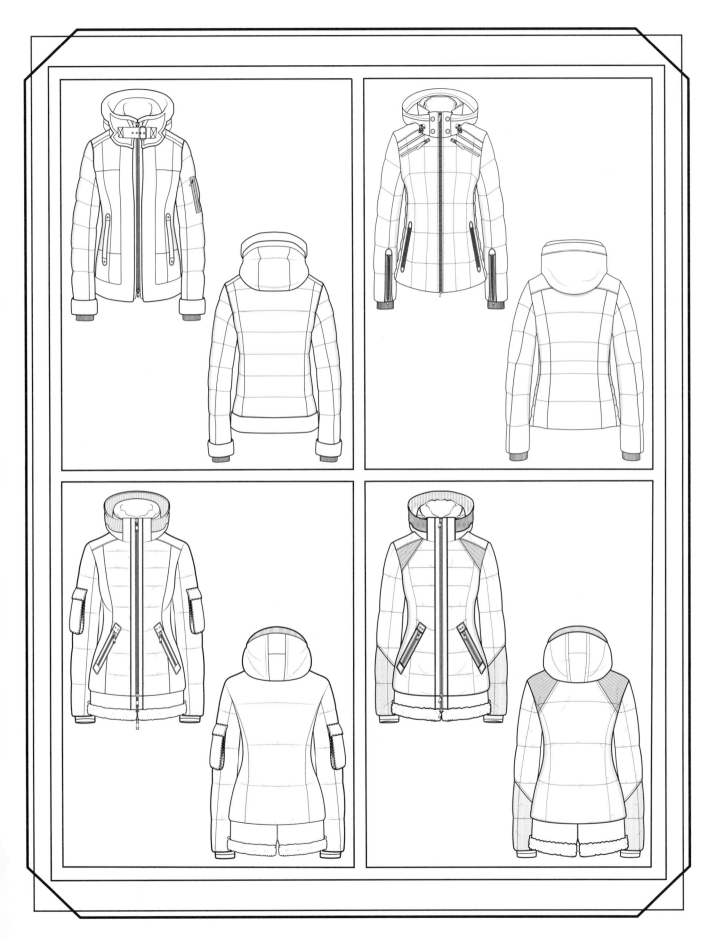

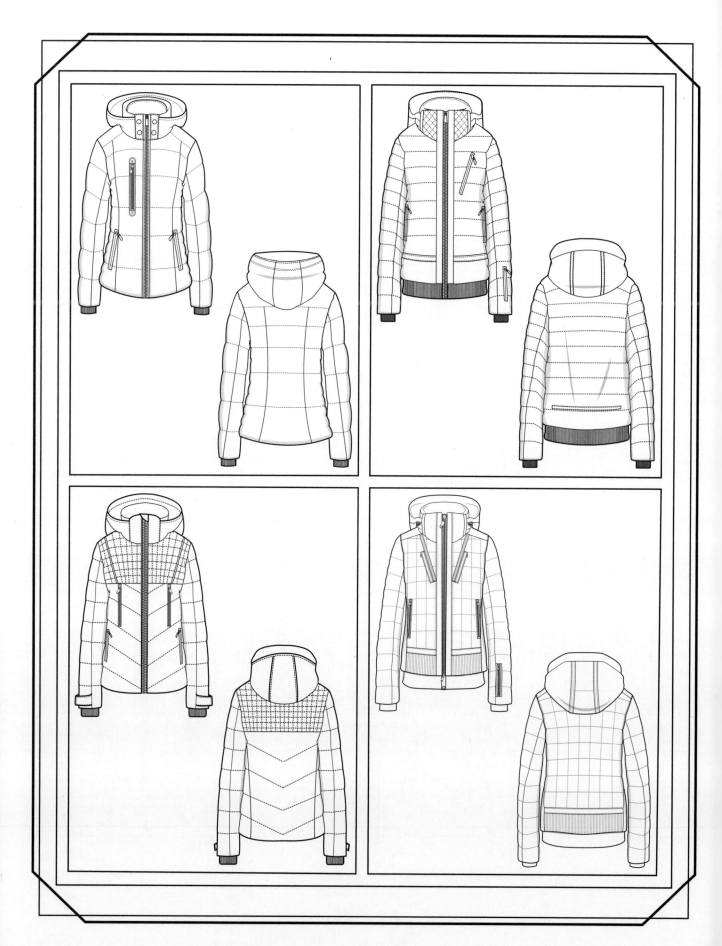

短 款 防 寒 服 / 合 体 款

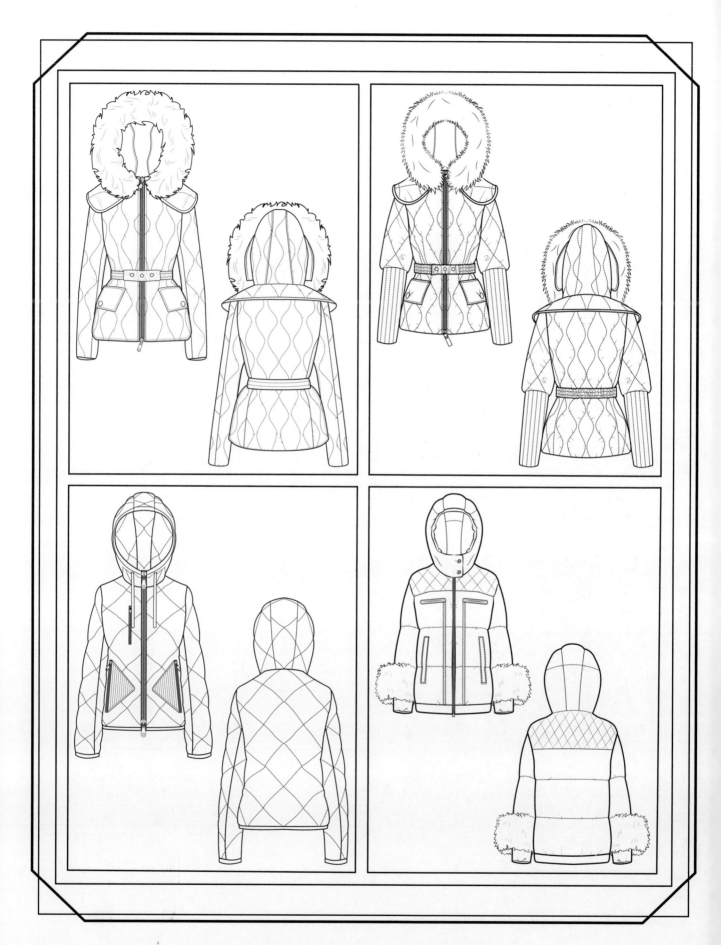

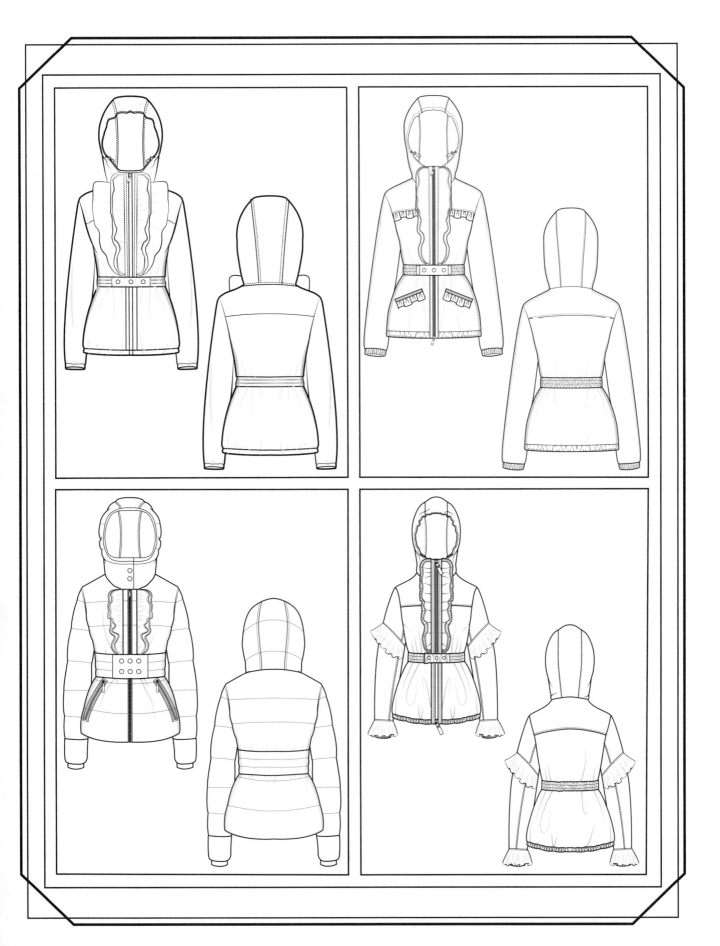

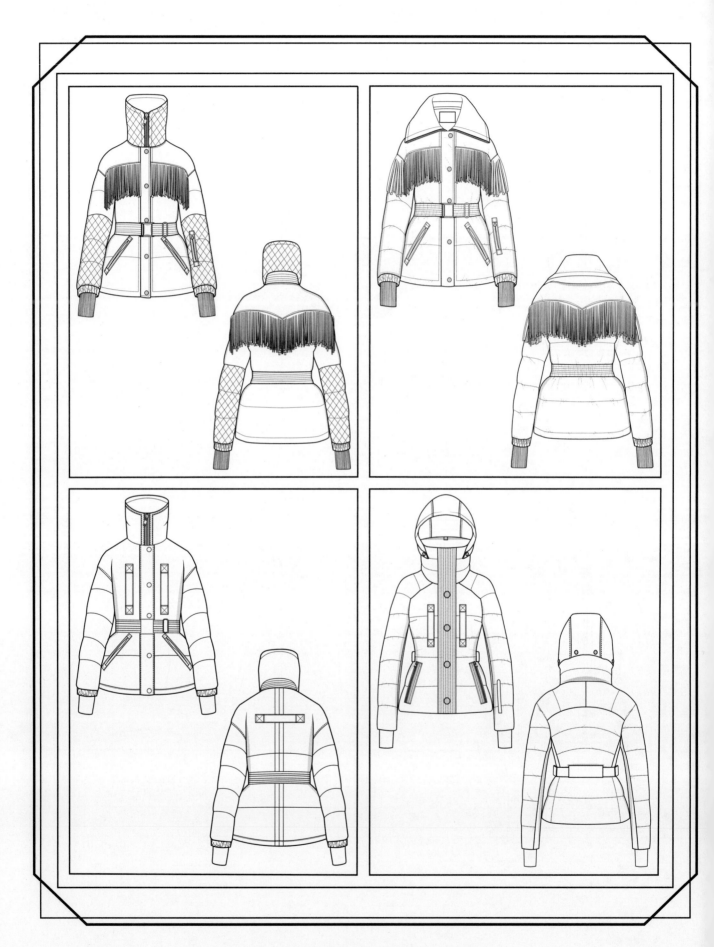

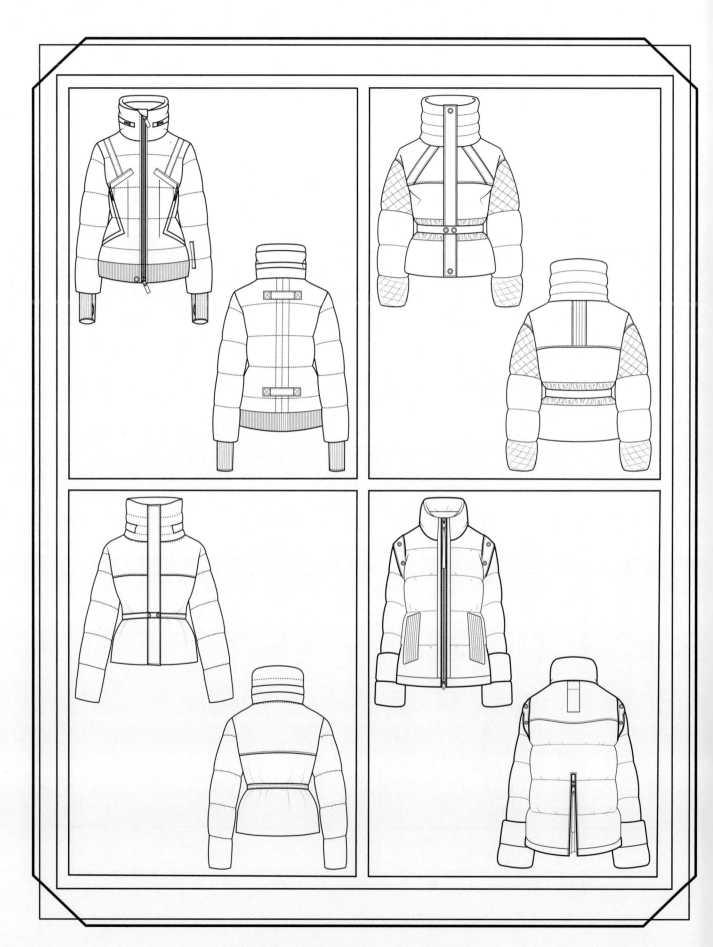

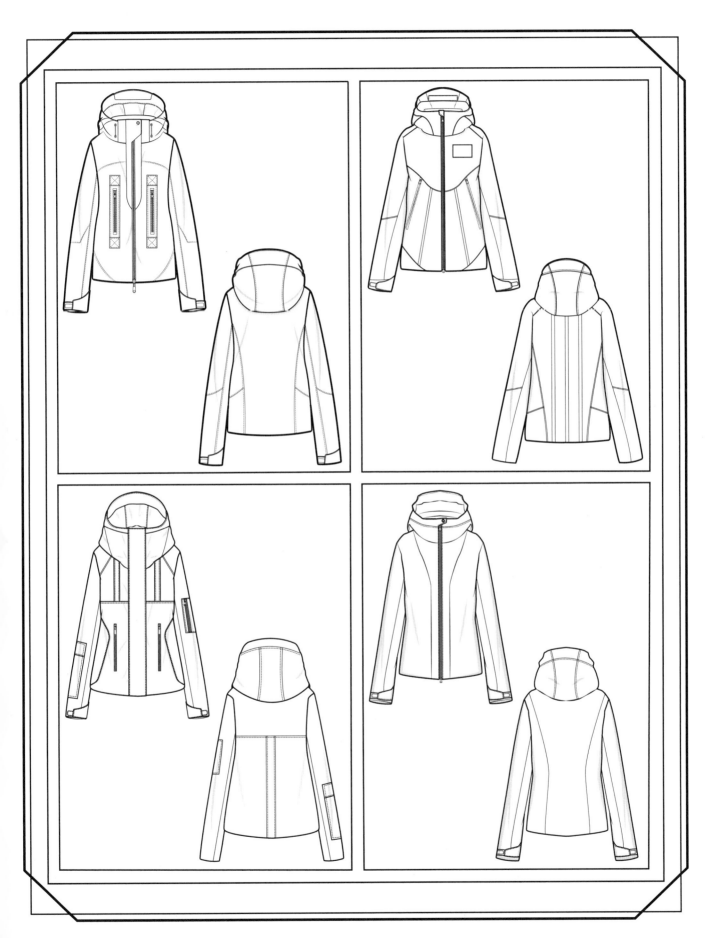

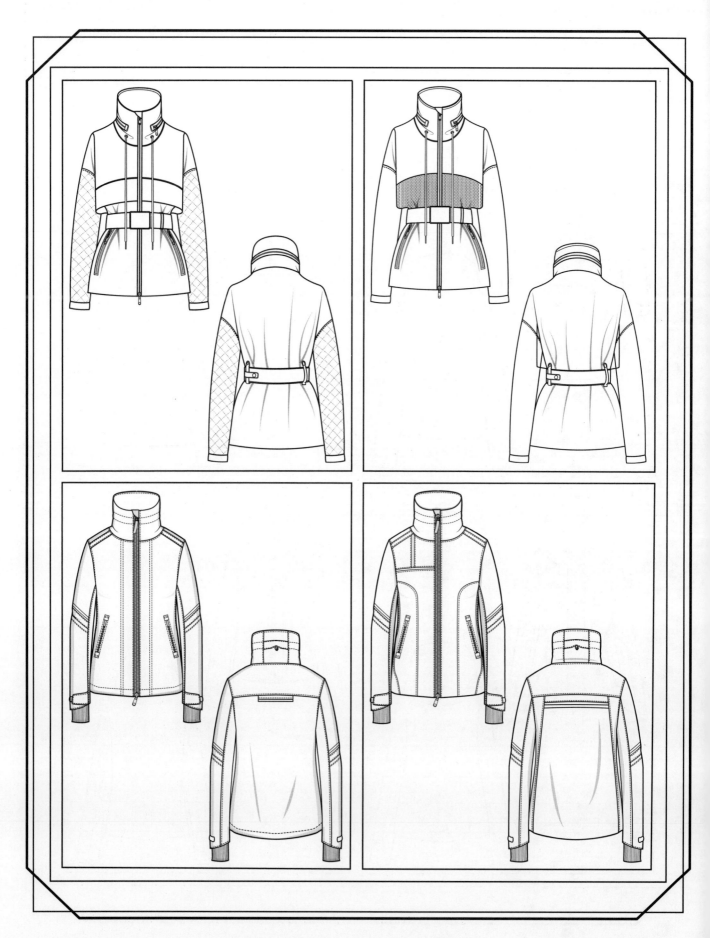

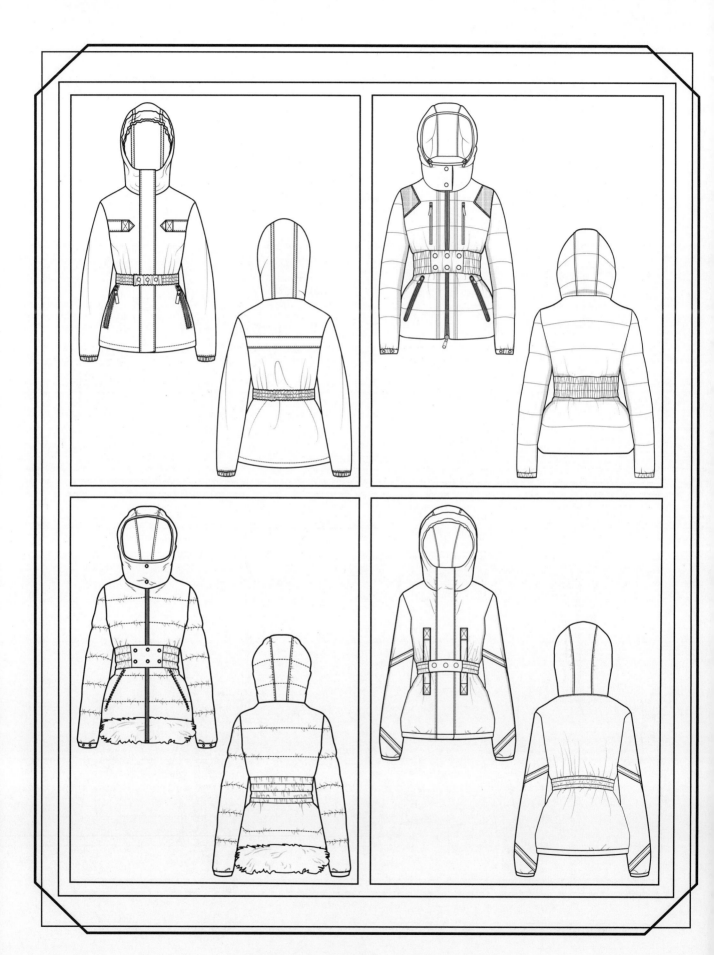

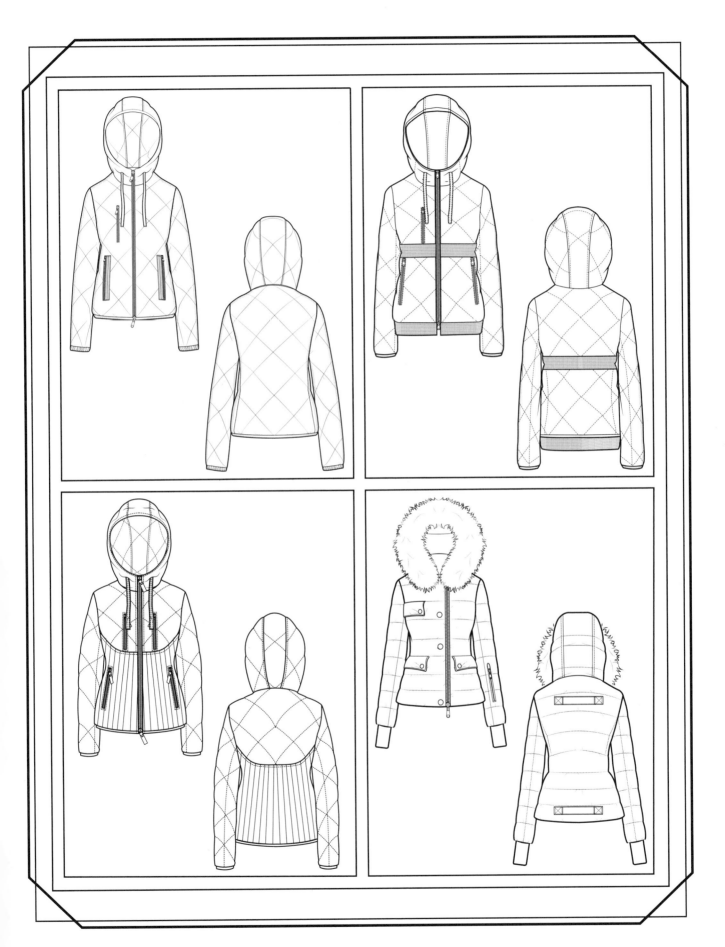

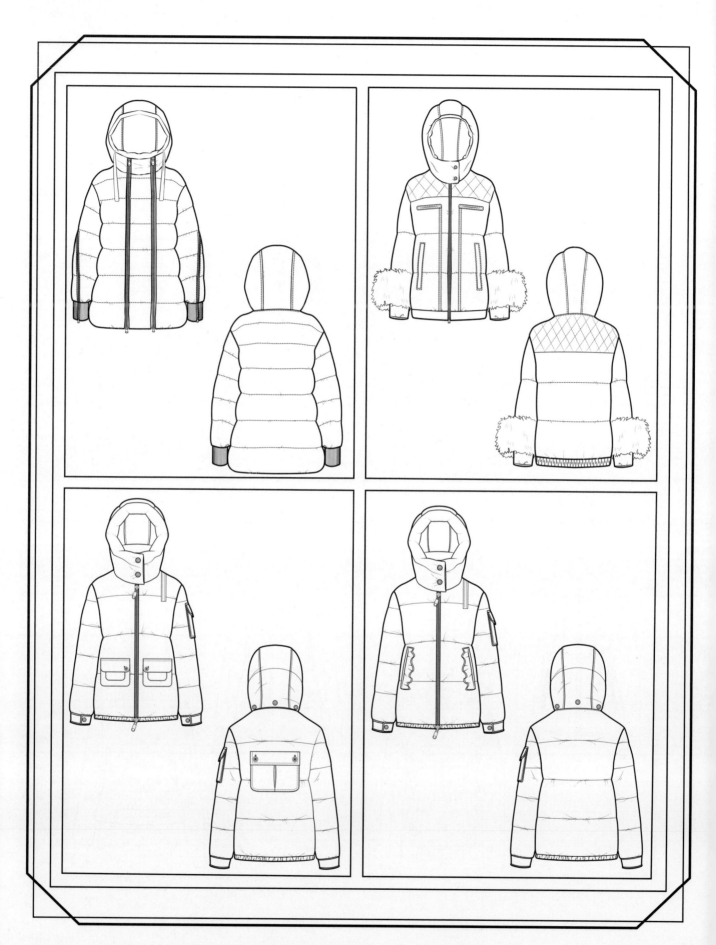

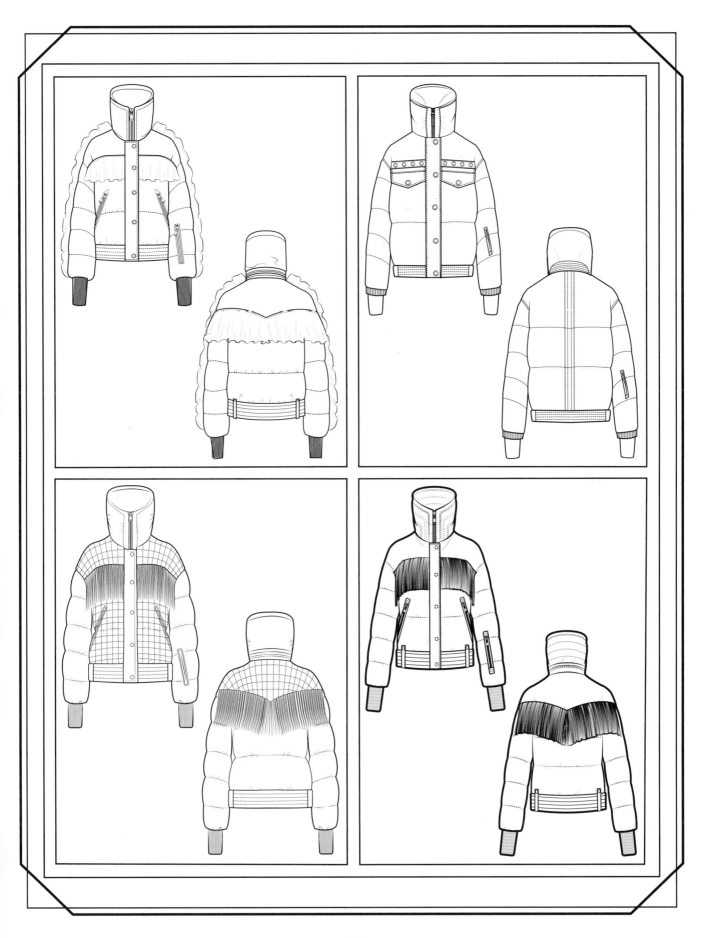

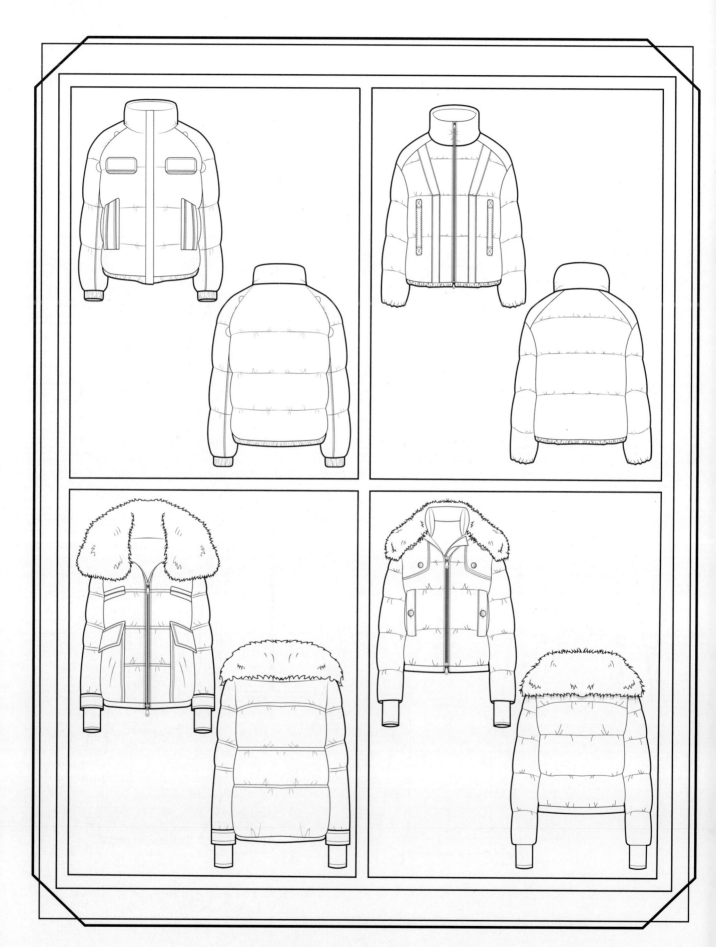

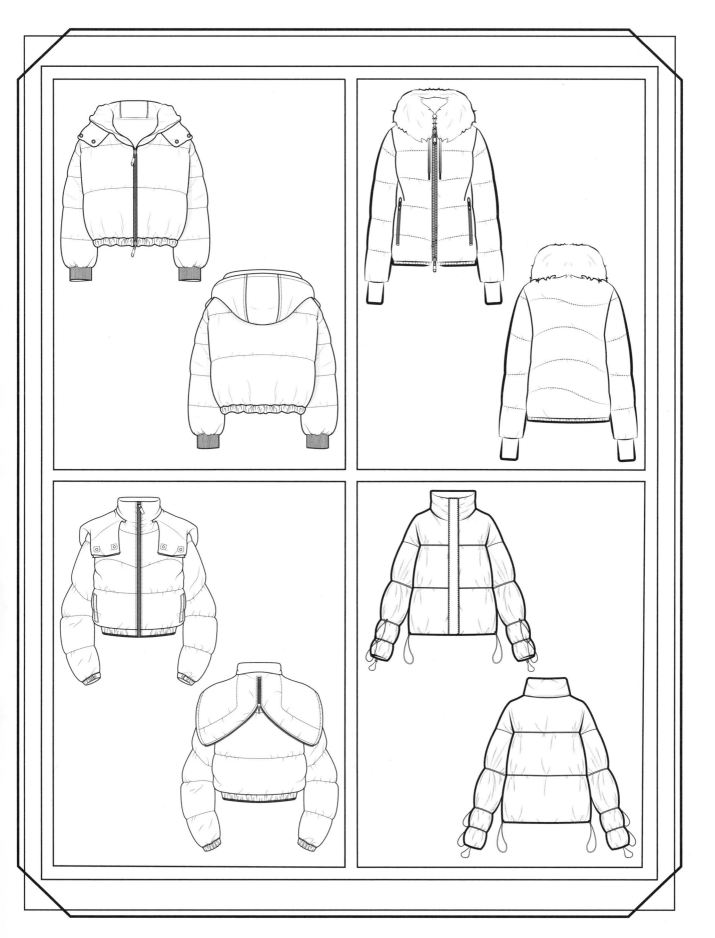

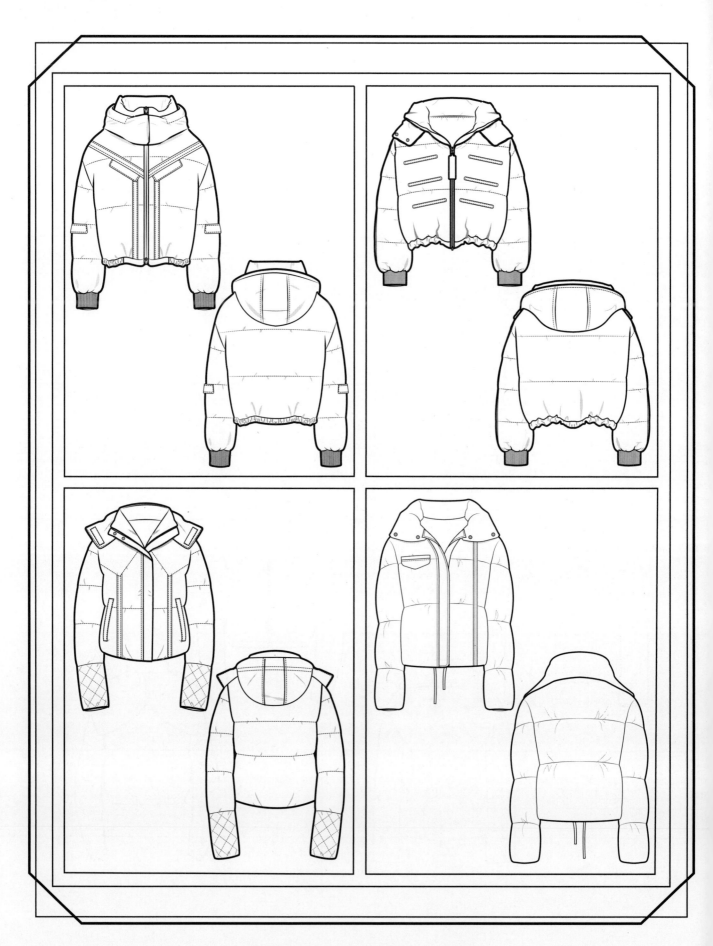

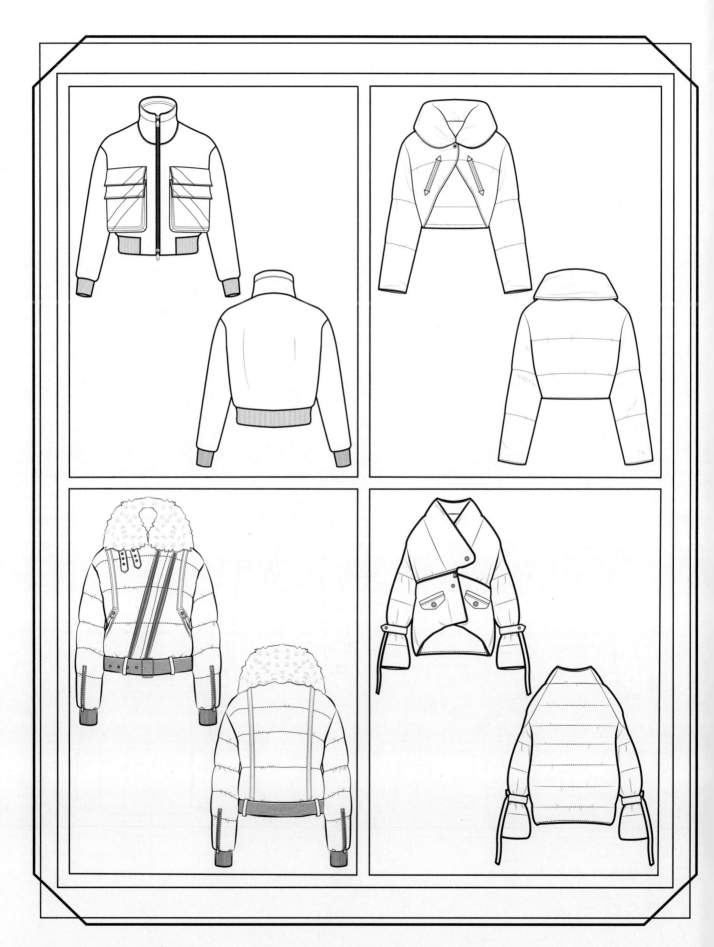

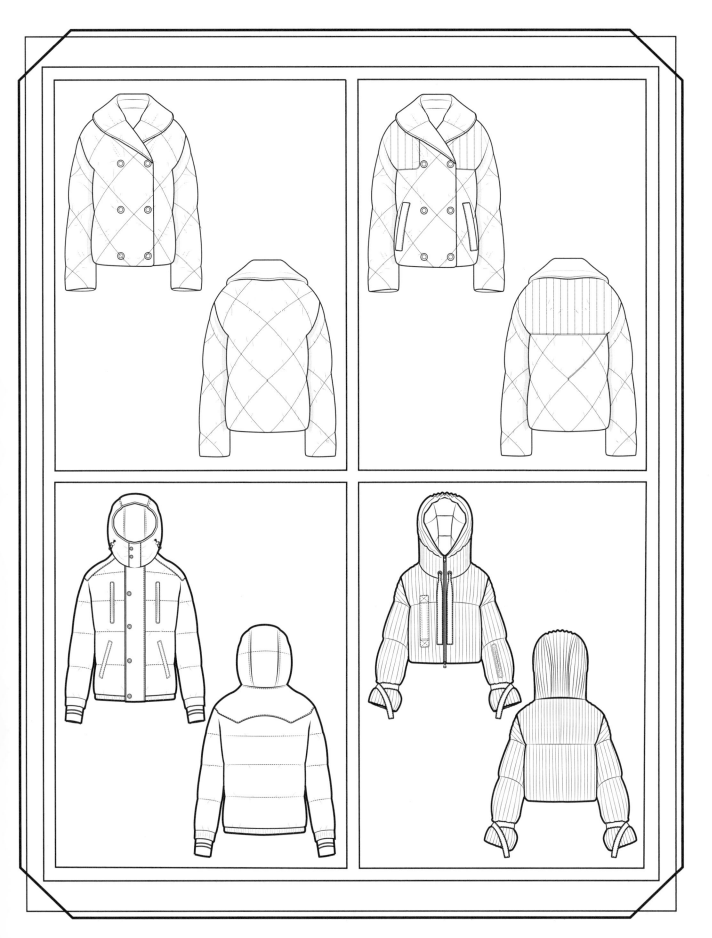

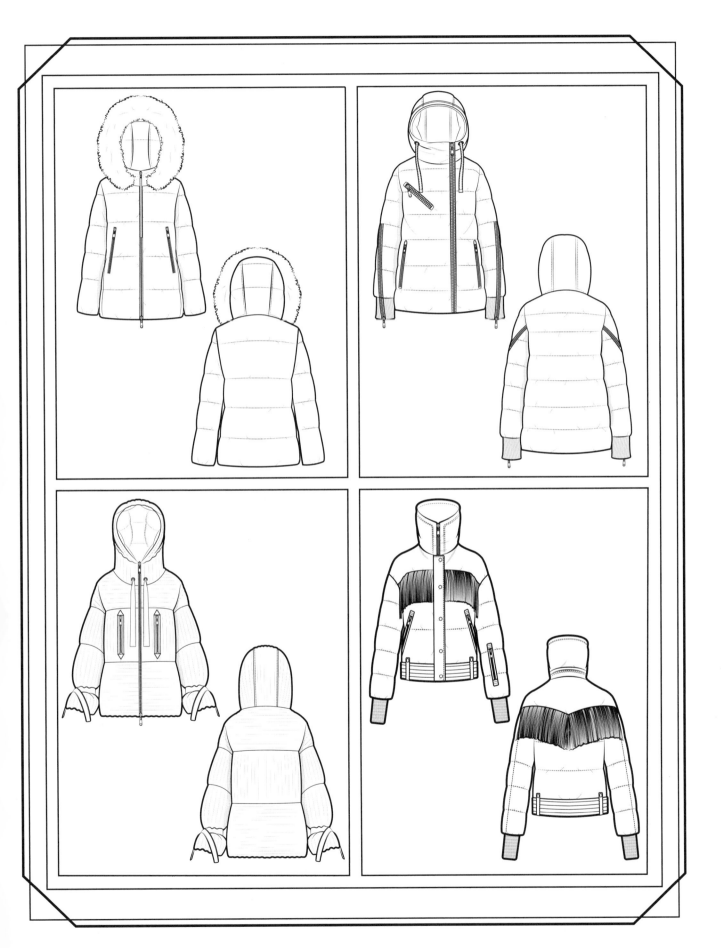

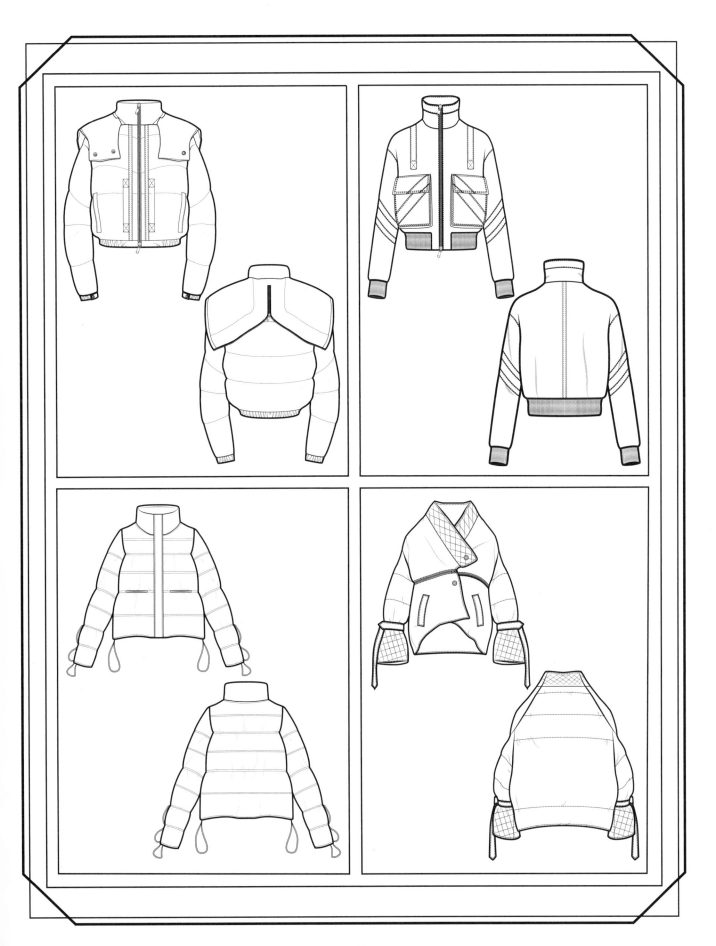

CHAPTER 2

中长款防寒服

- 合体款
- 宽松款

本章节为中长款防寒服，分为合体款、宽松款两种。中长款防寒服既保暖又实用，通过各种绗缝设计，使服装变得不再臃肿。

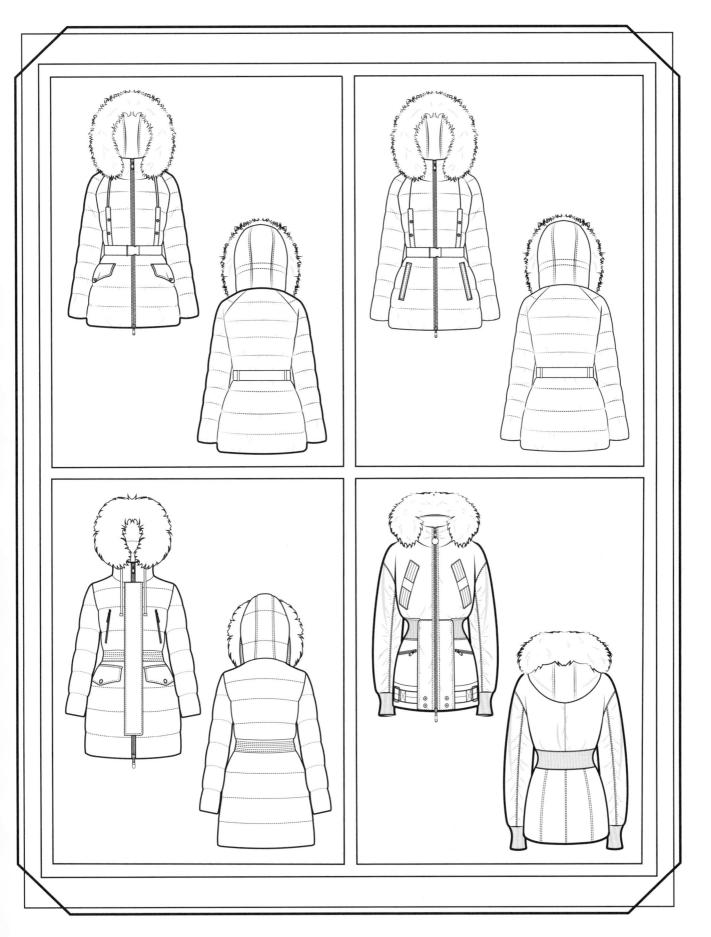

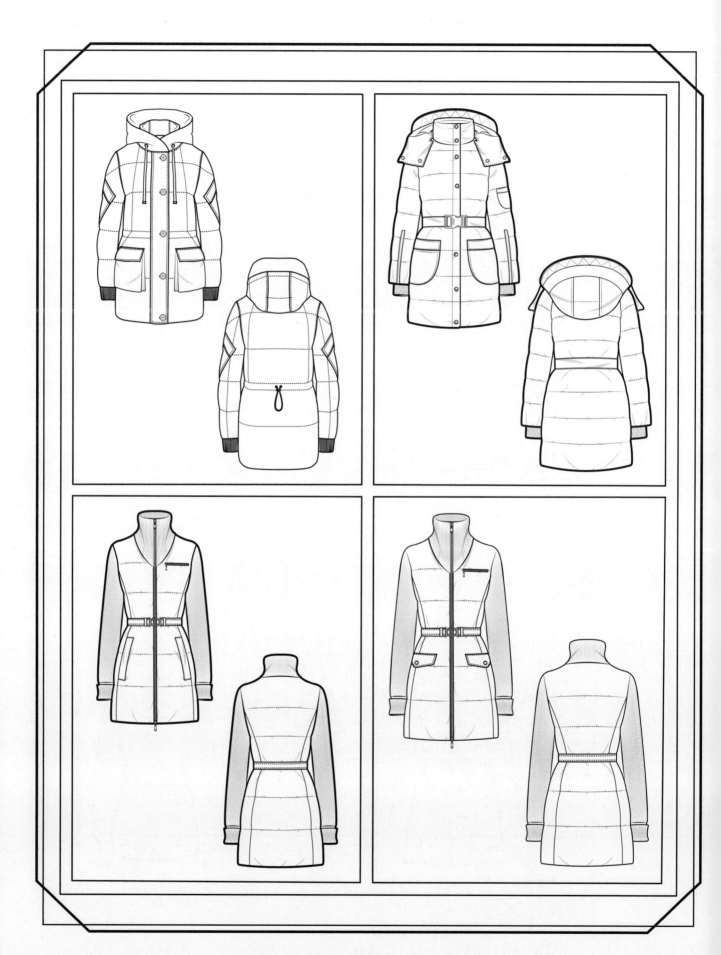

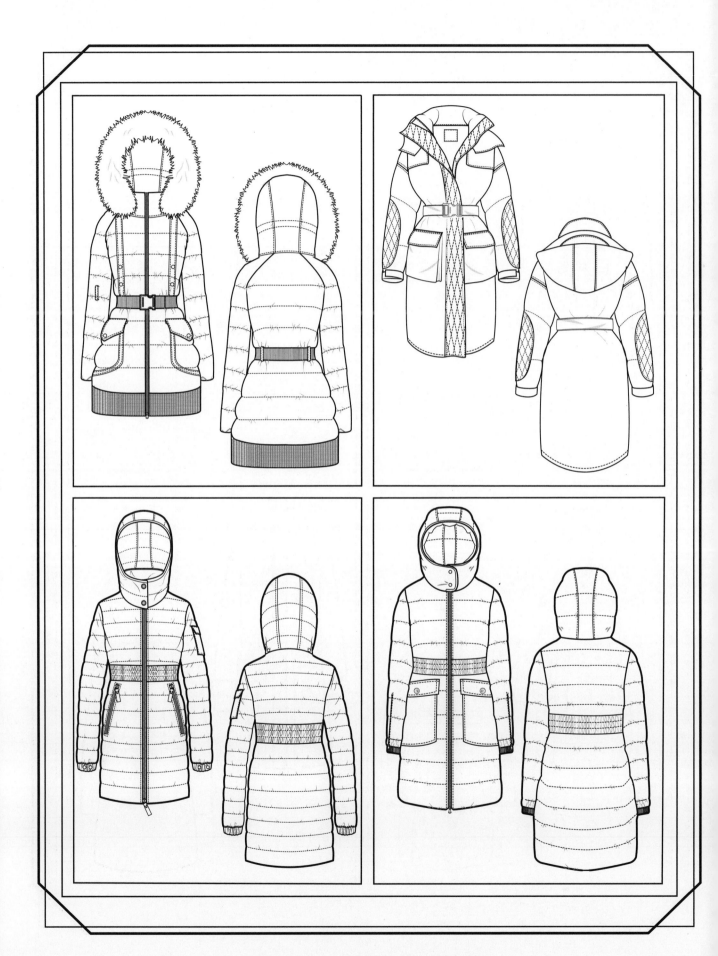

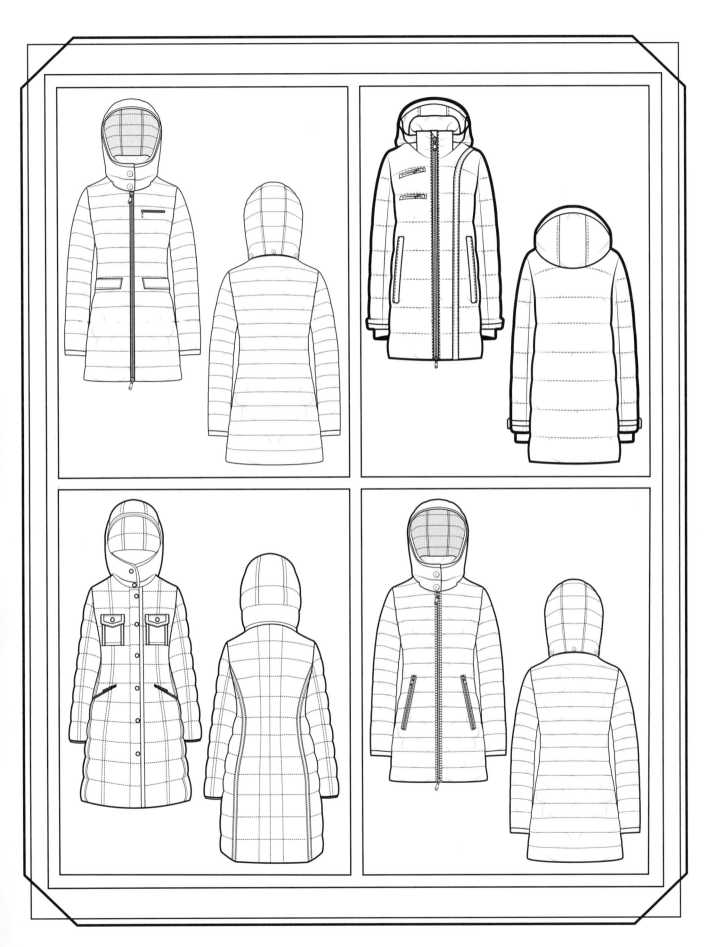

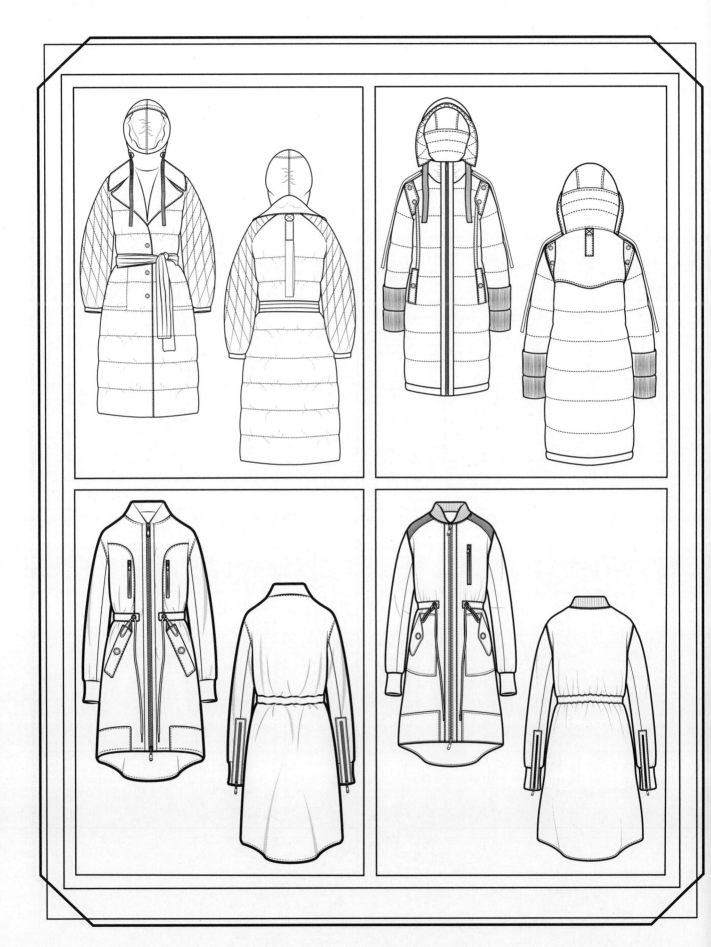

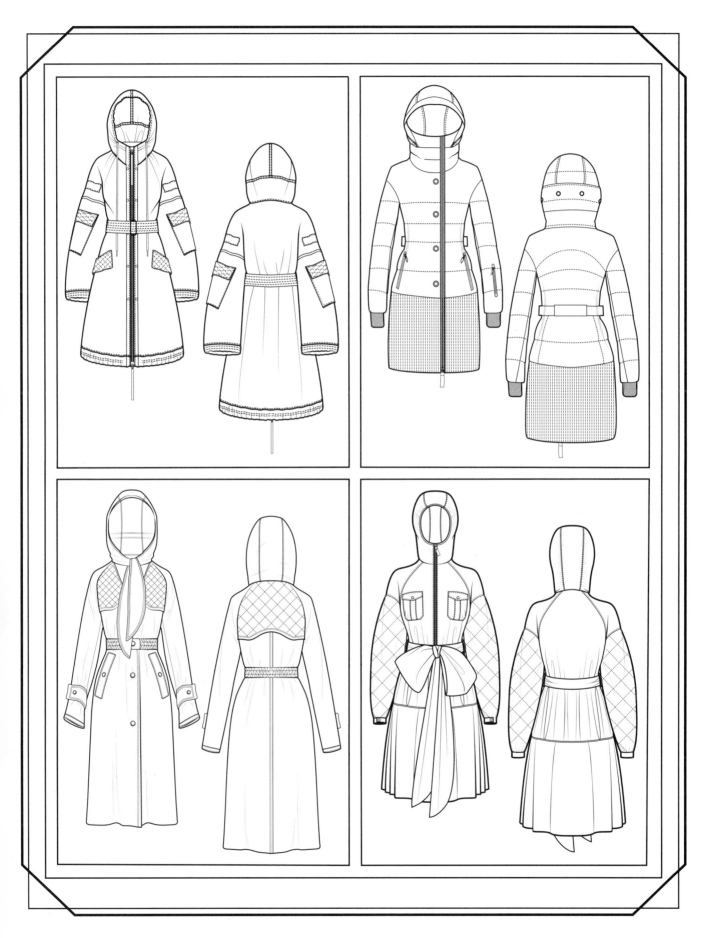

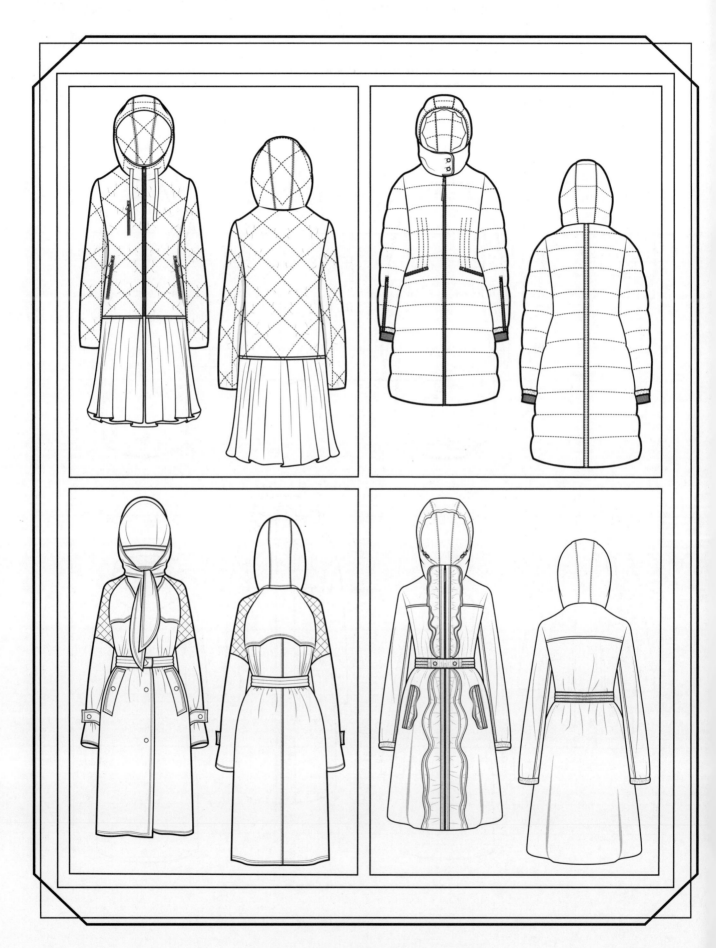

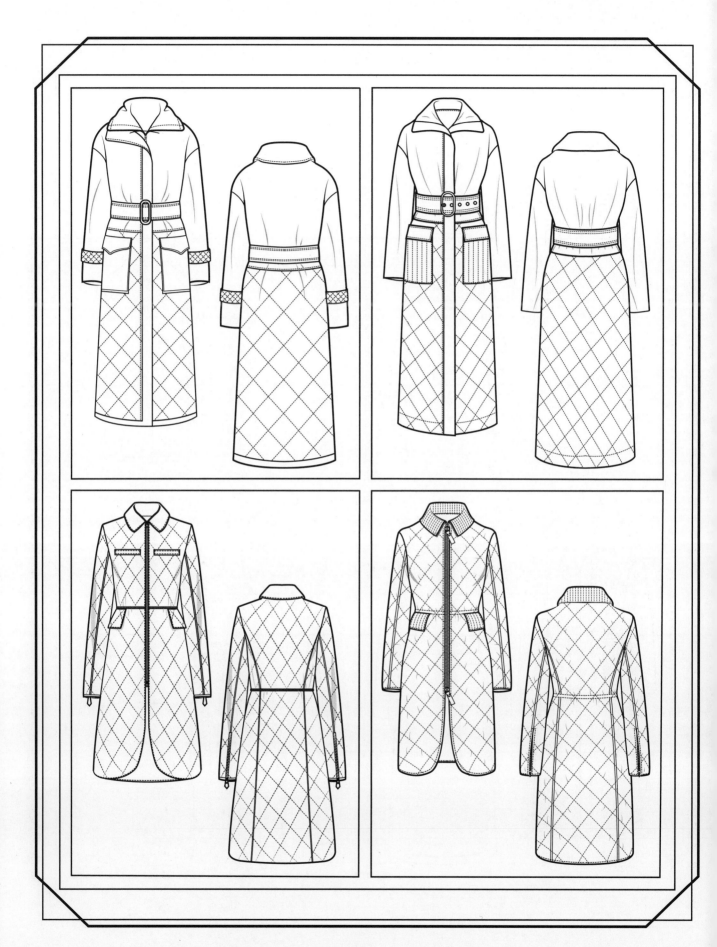

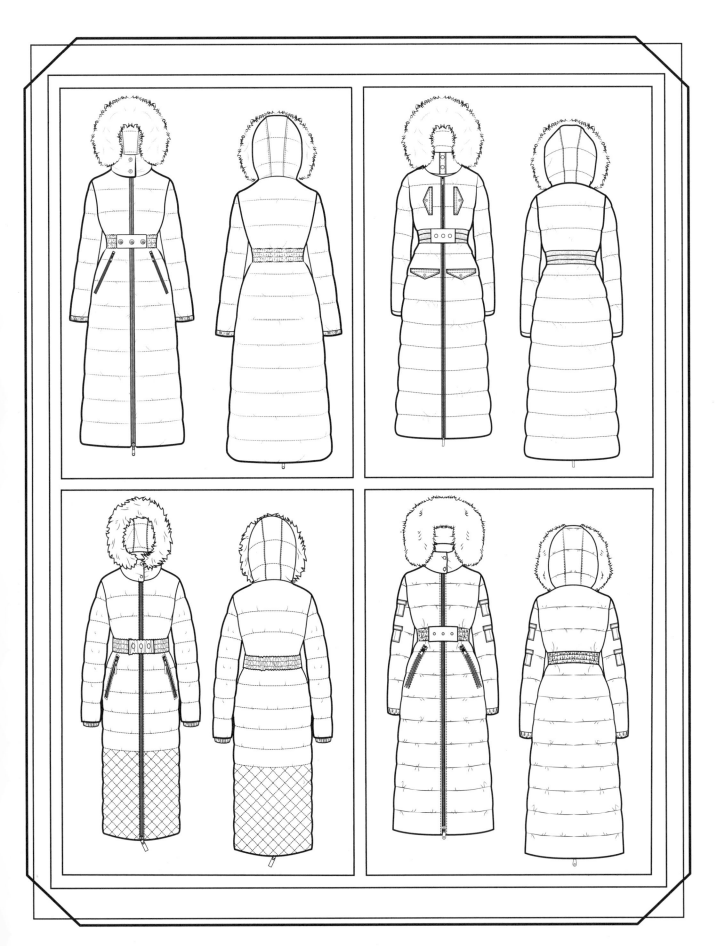

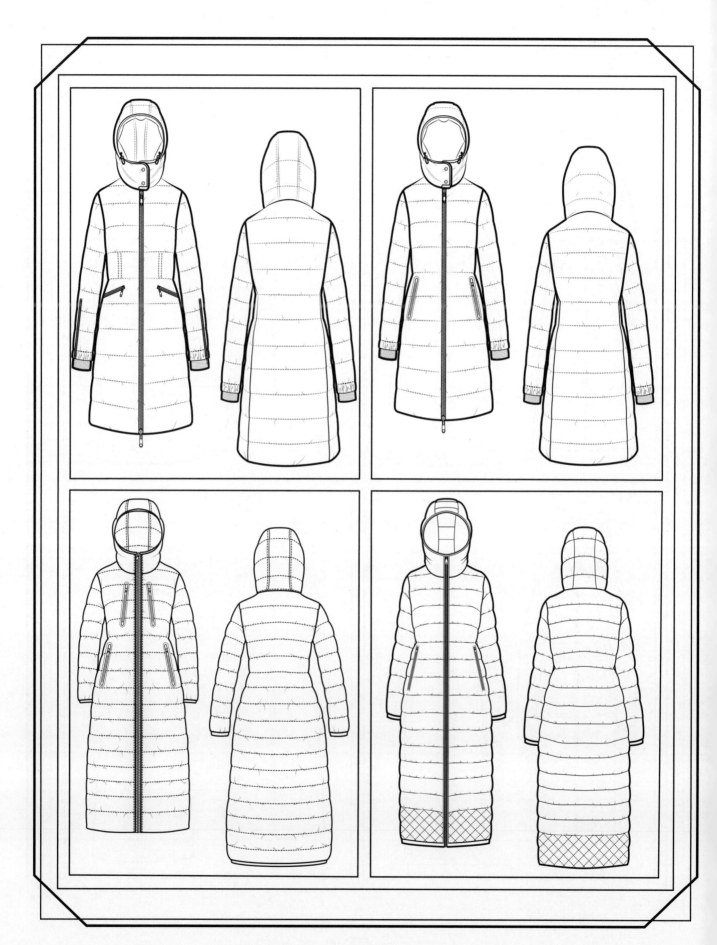

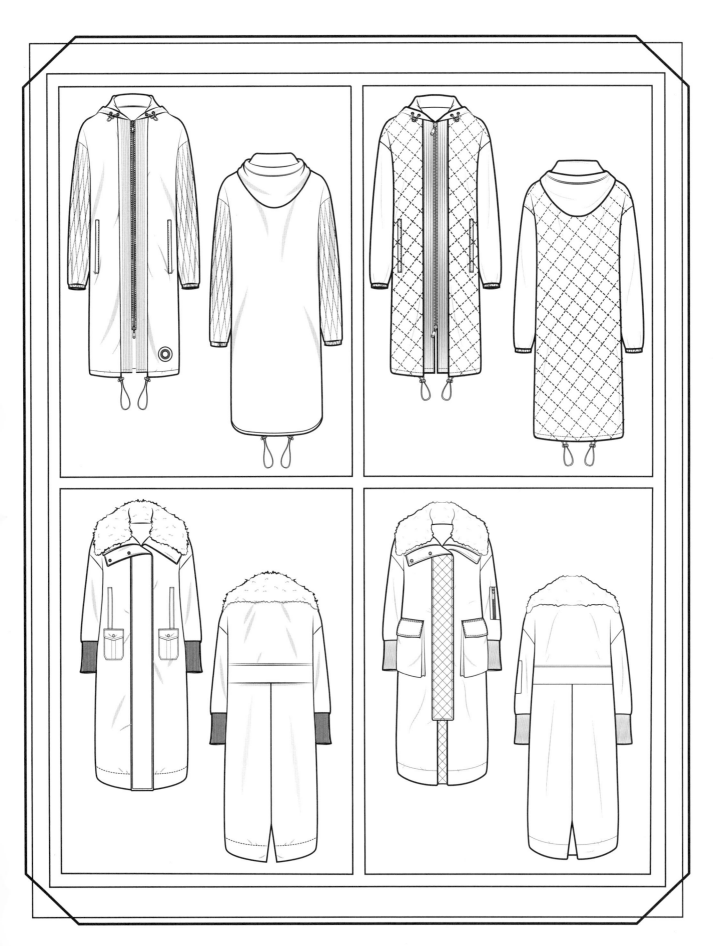

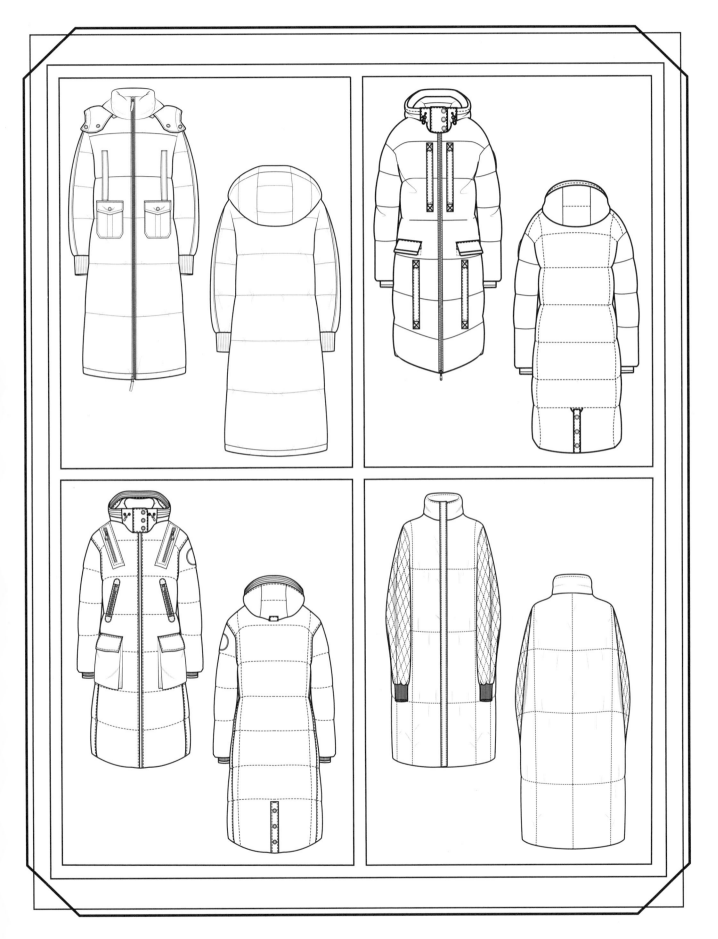

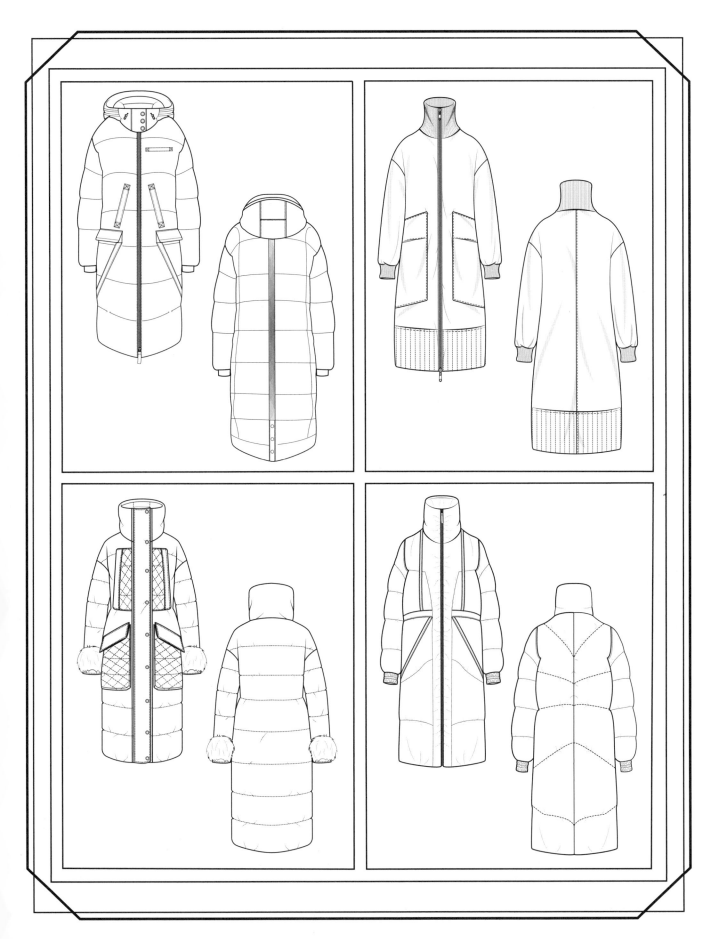

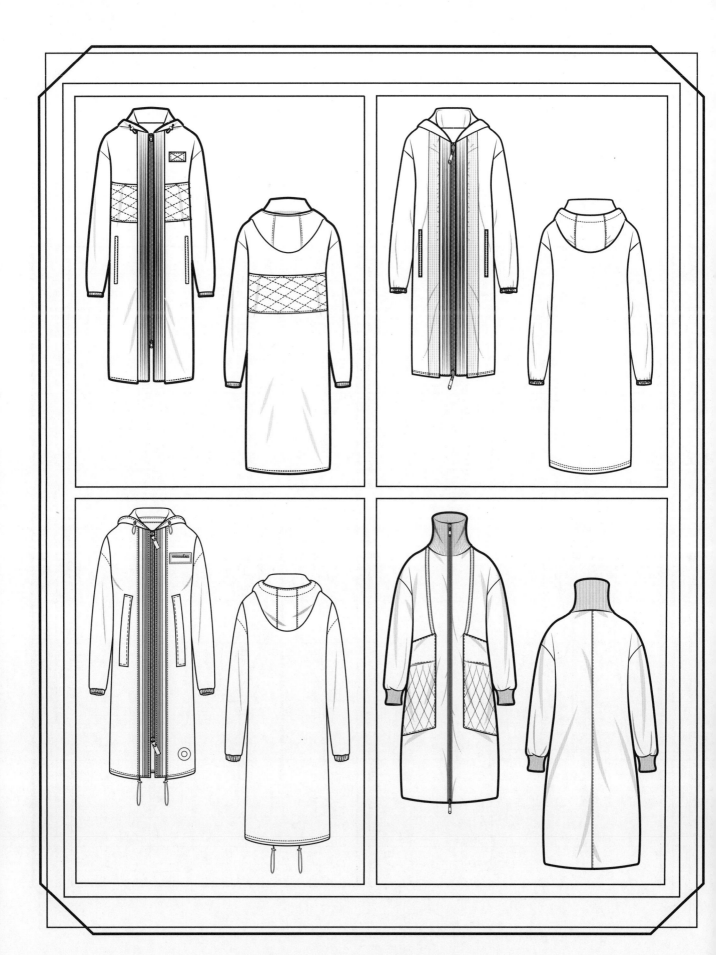

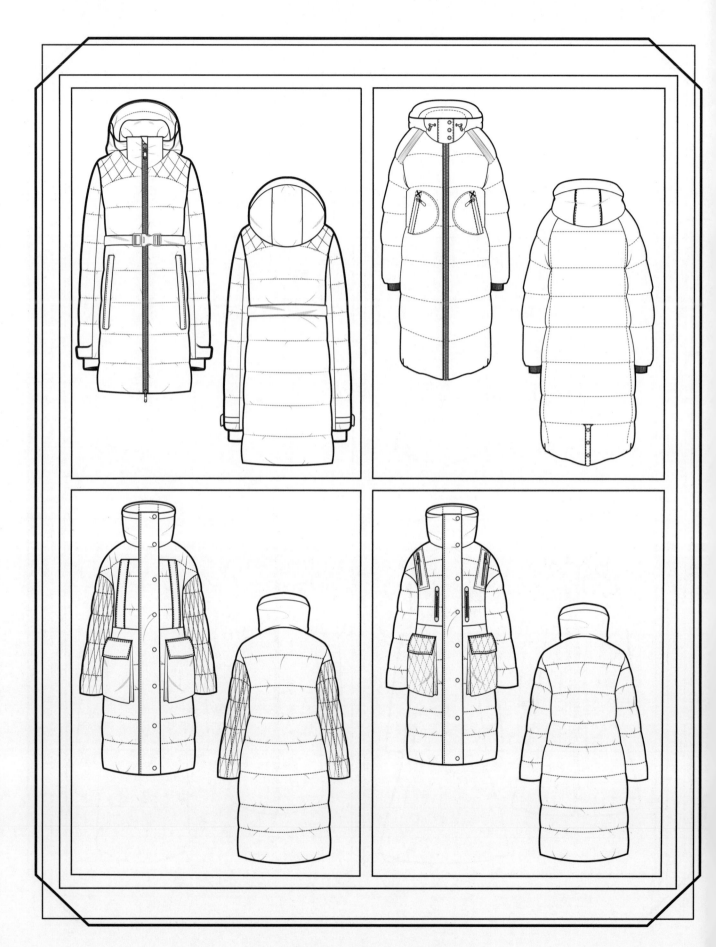

CHAPTER 3

防寒马甲

- 合体款
- 宽松款

　　本章节为防寒马甲，分为合体款、宽松款两种。防寒马甲不仅保暖性强，还能塑造出立体的层次感，降低视觉上的厚重感。

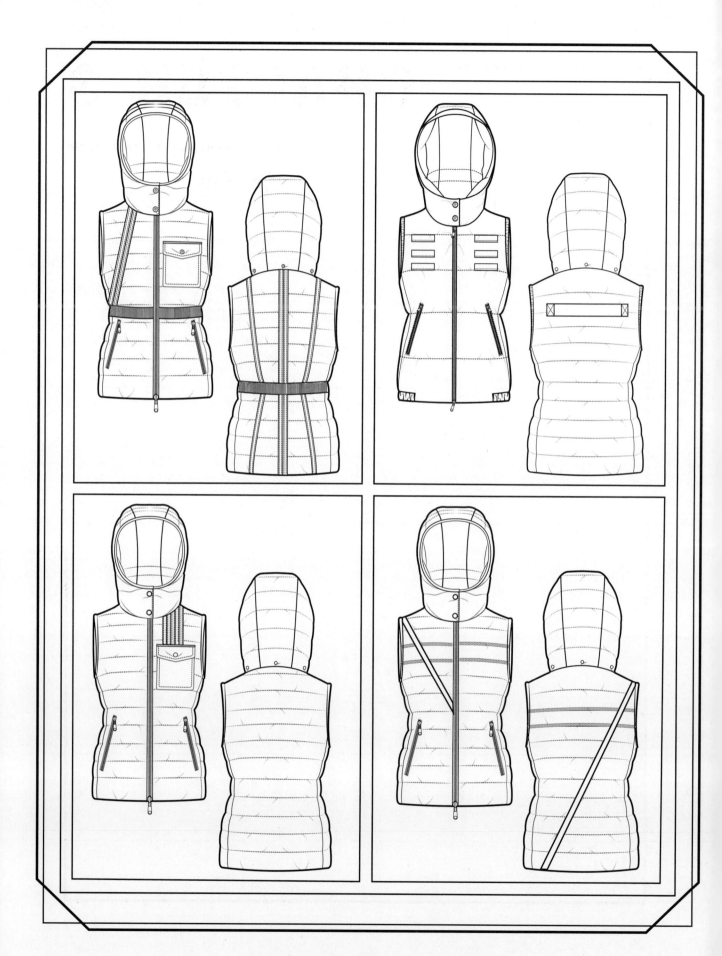

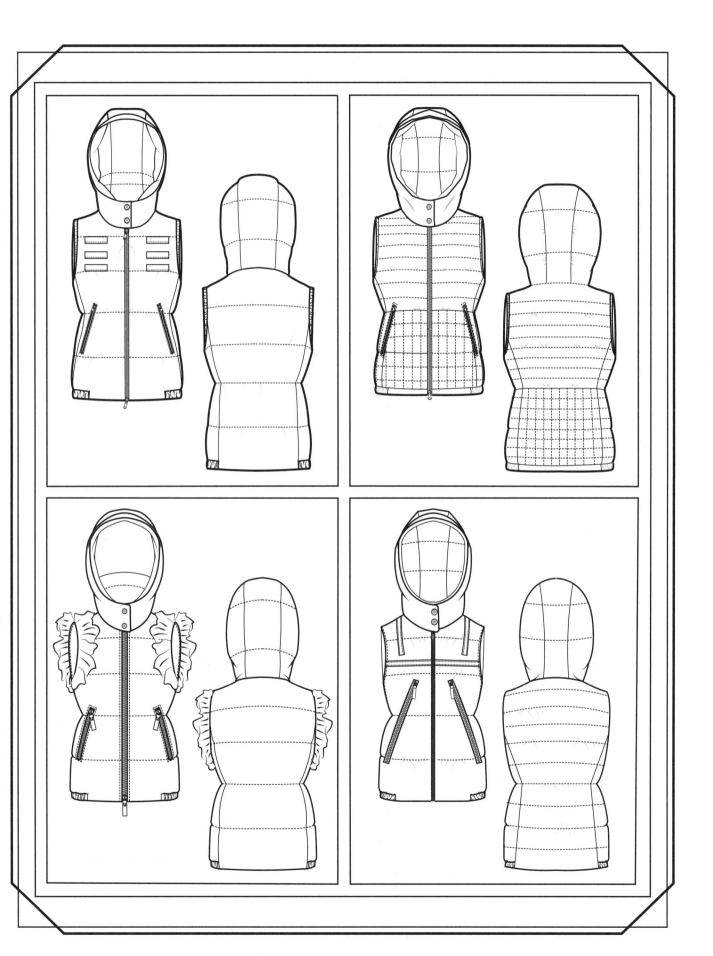

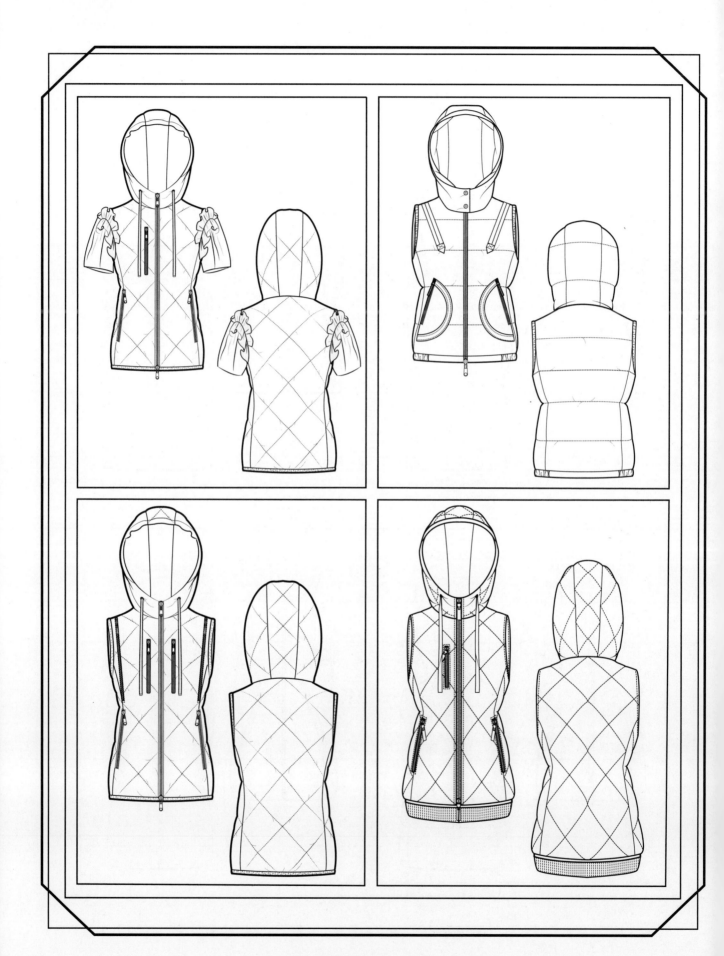

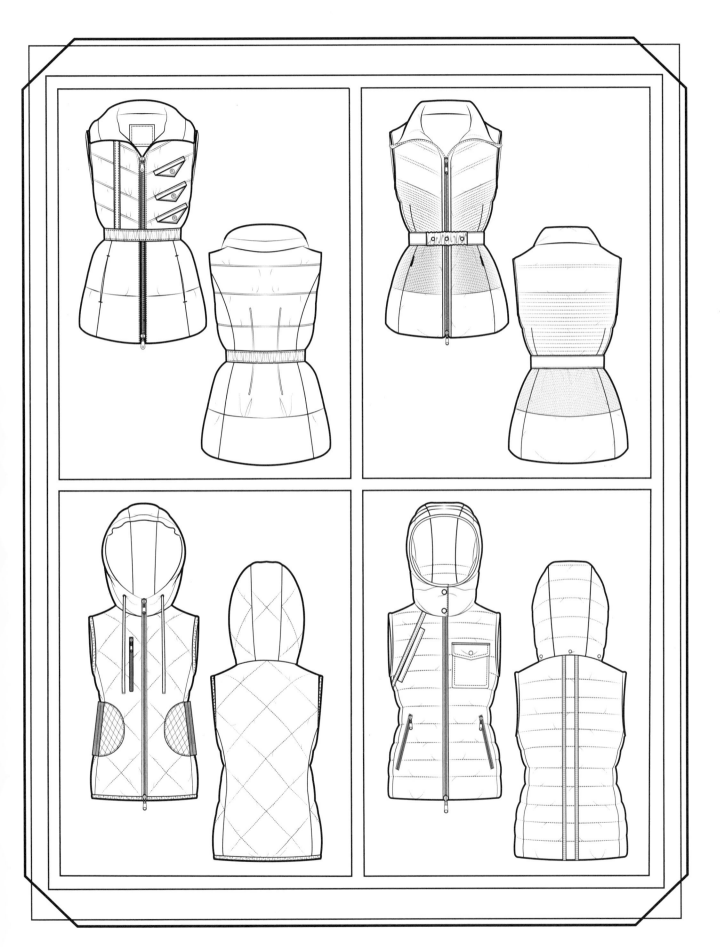

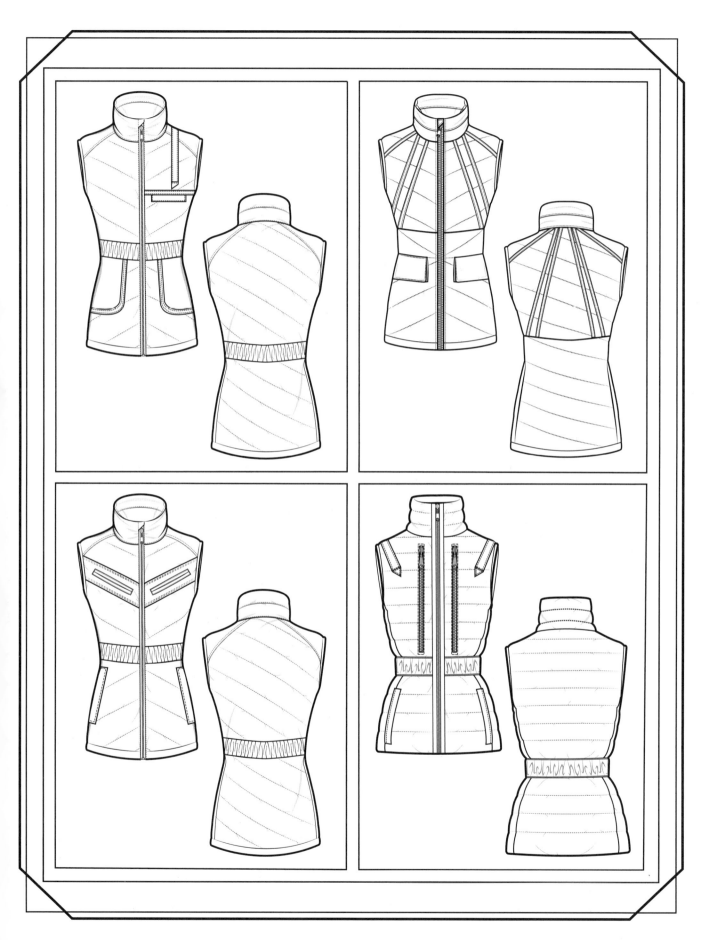

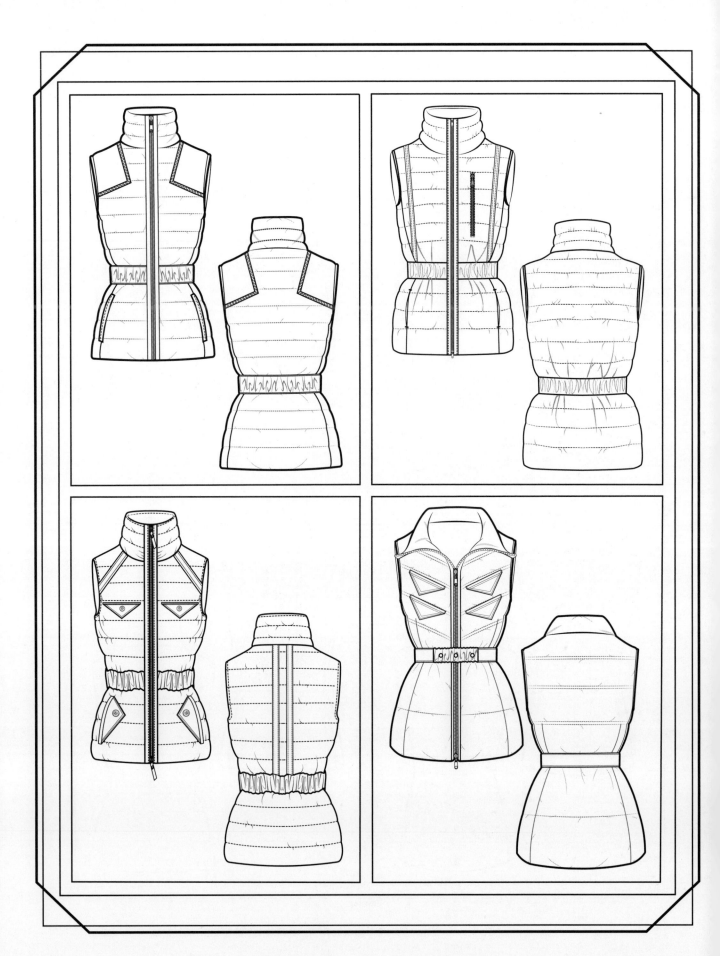

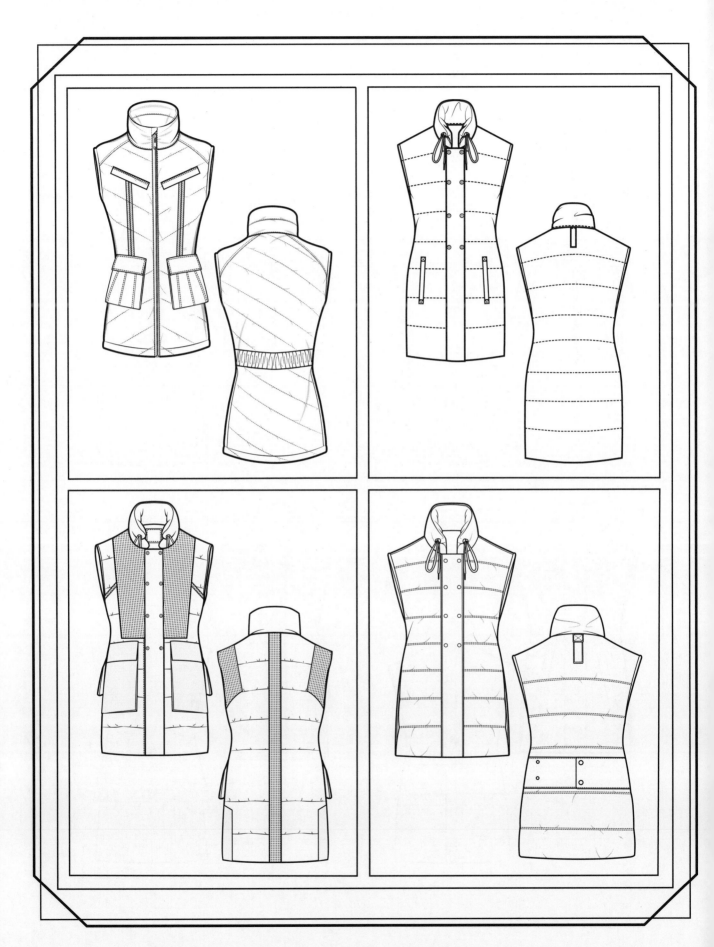

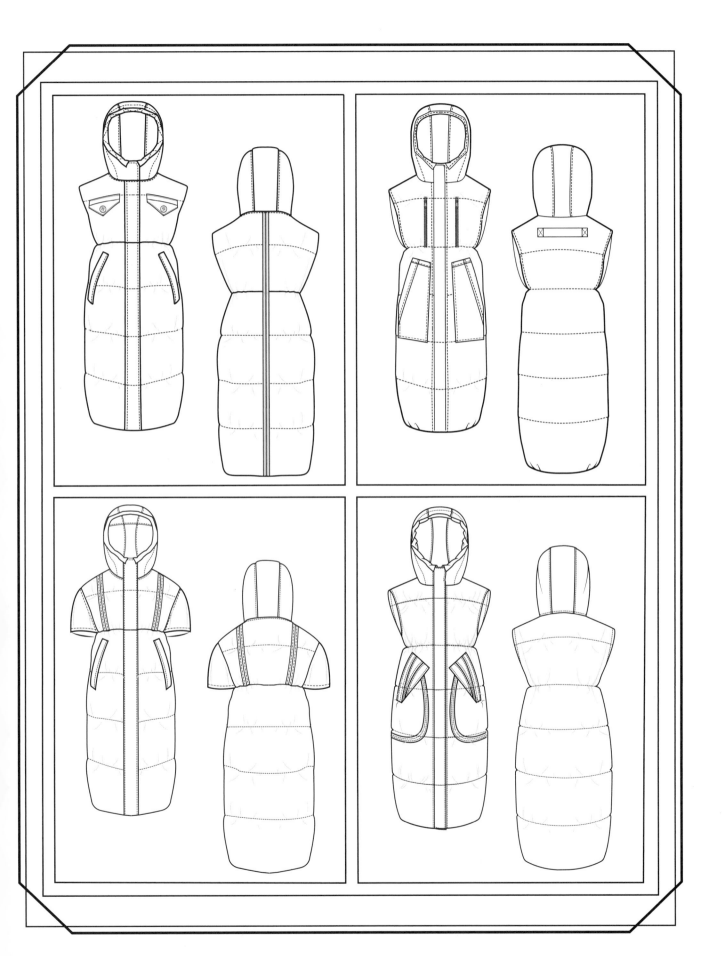

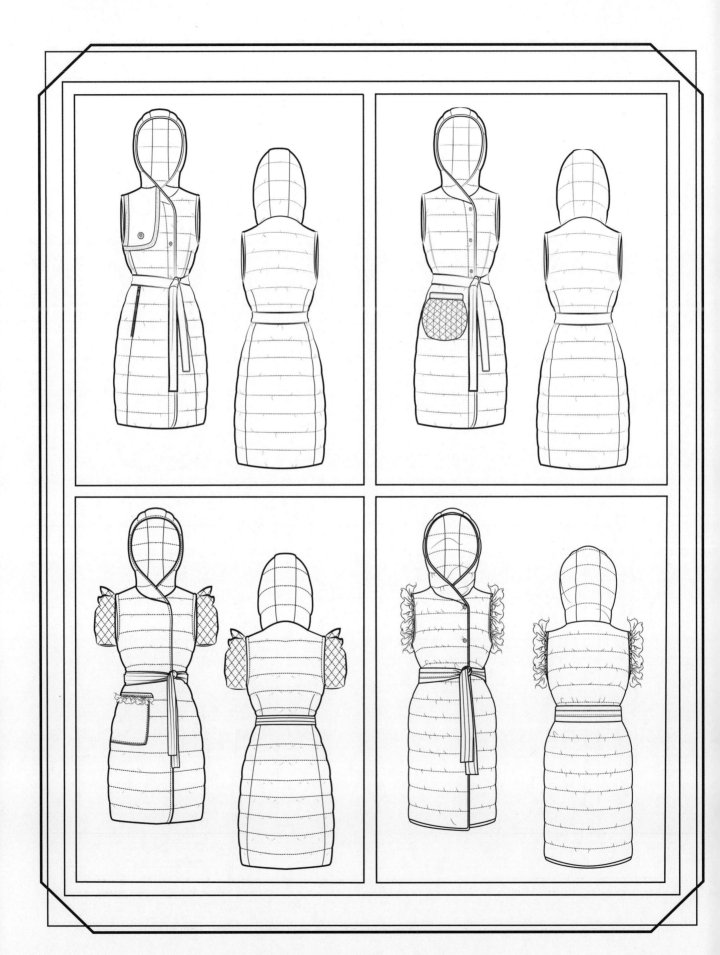

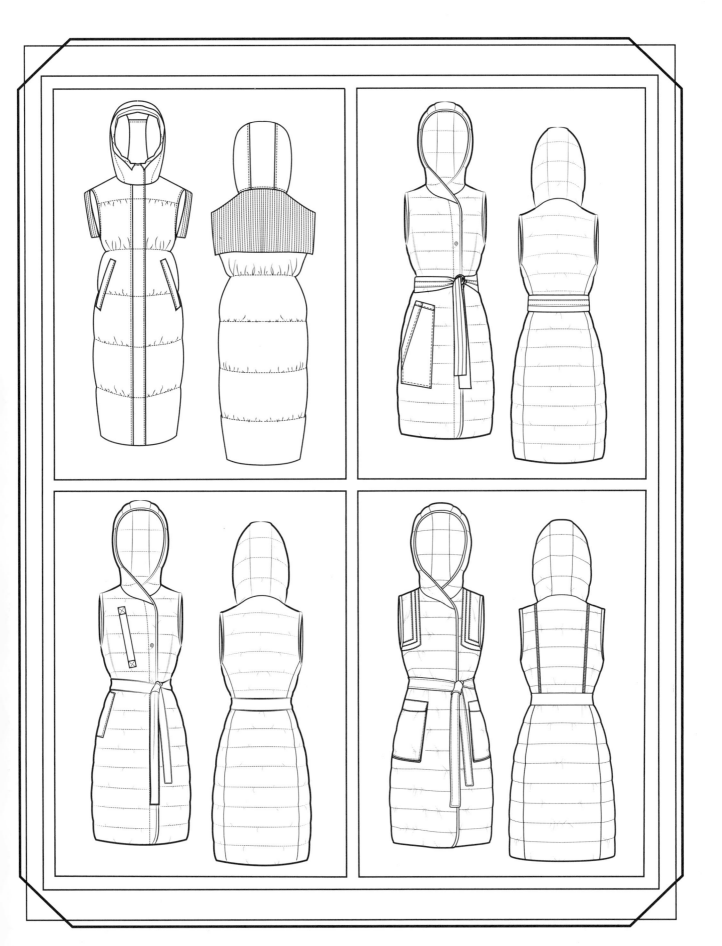

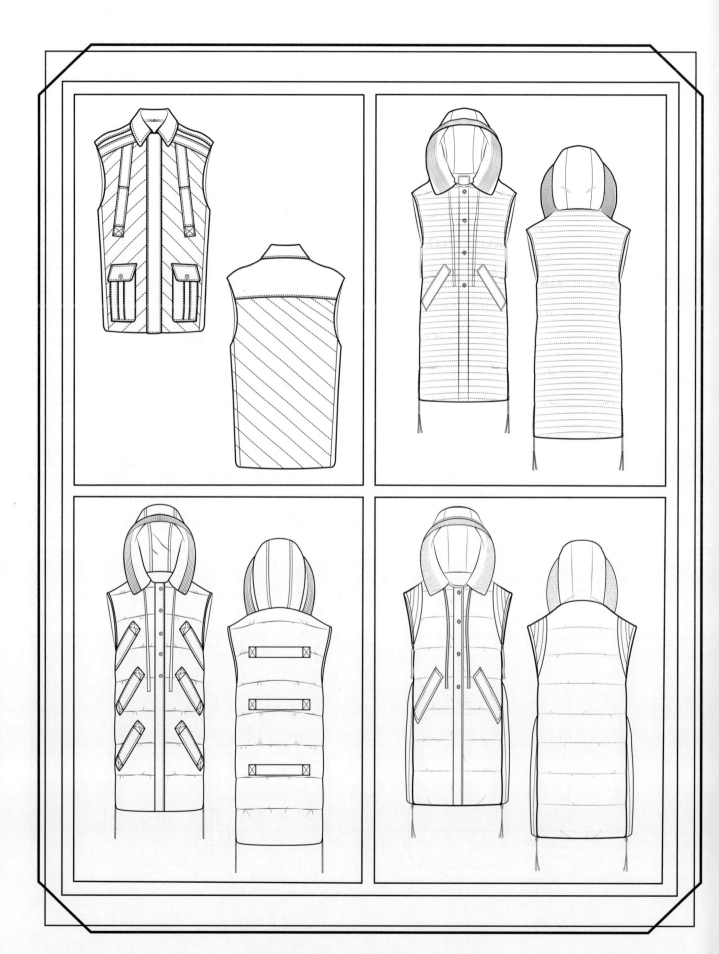

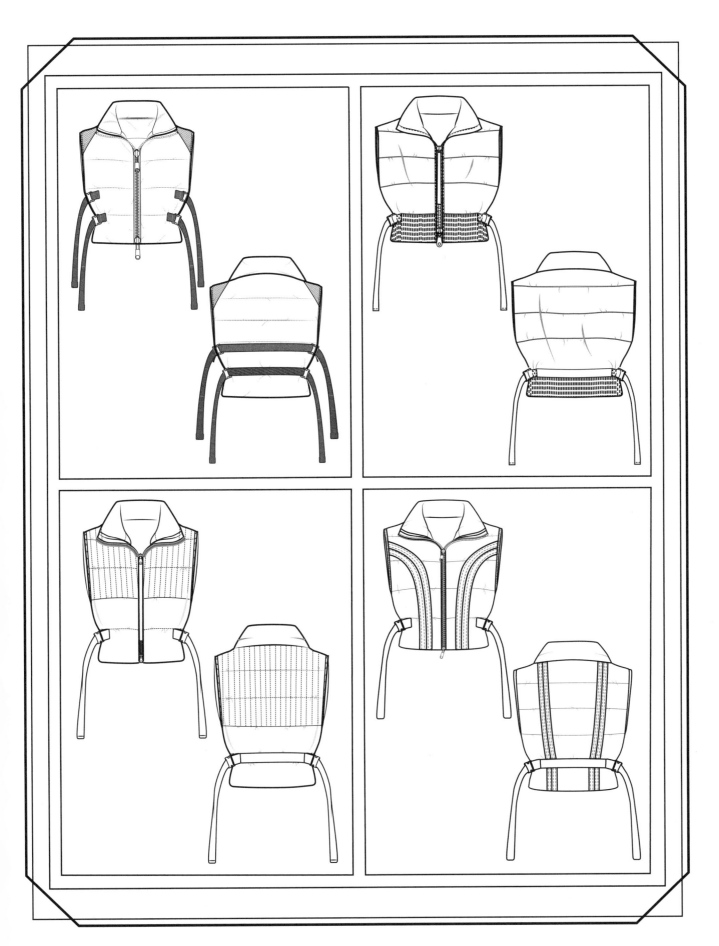

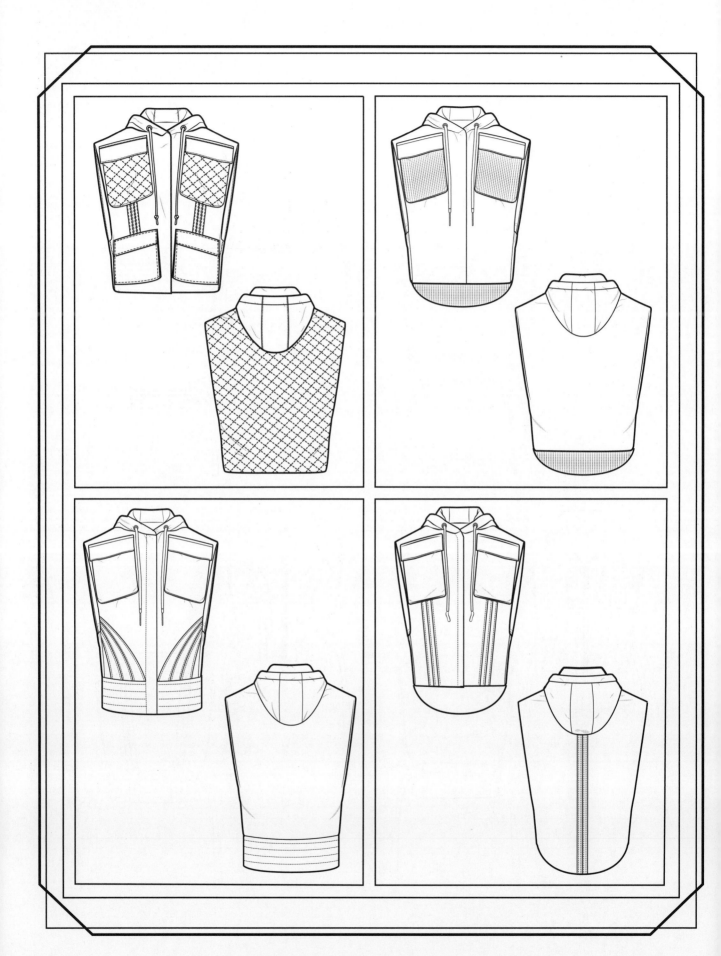

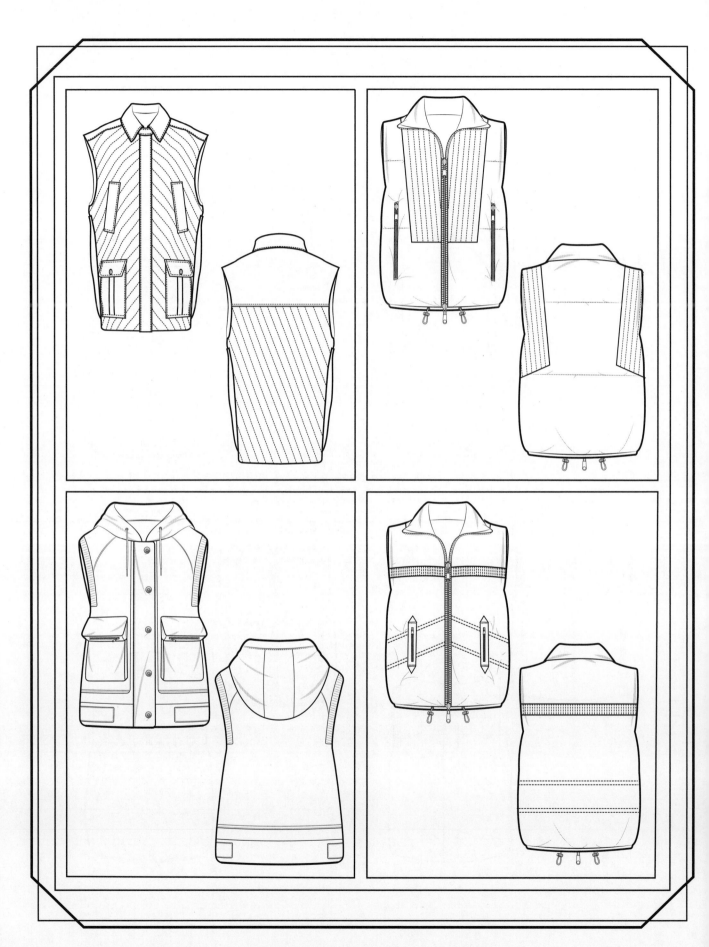

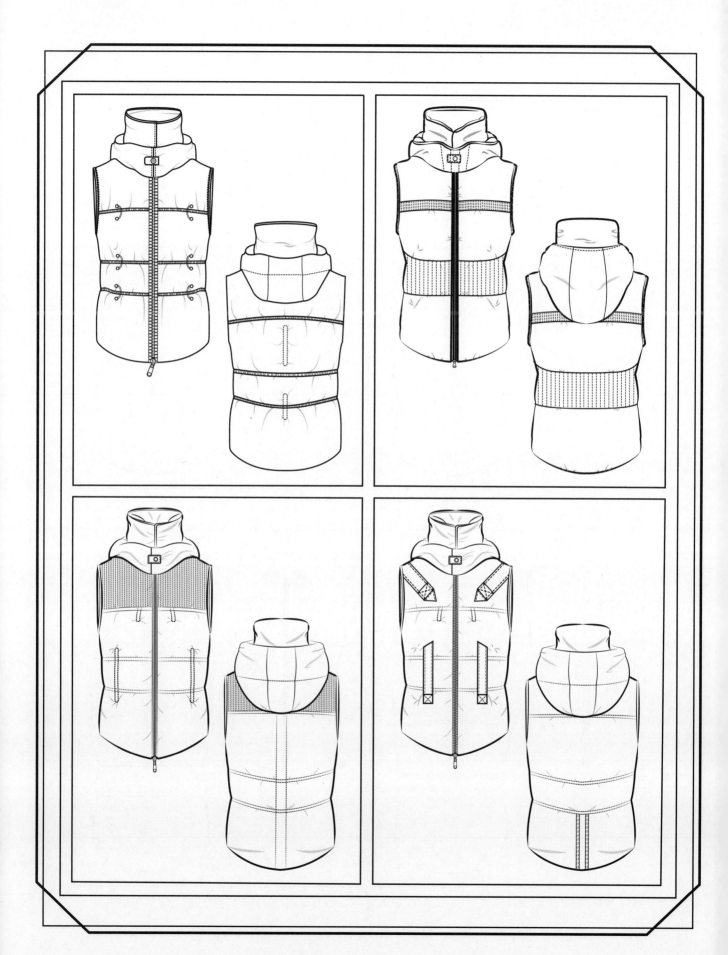

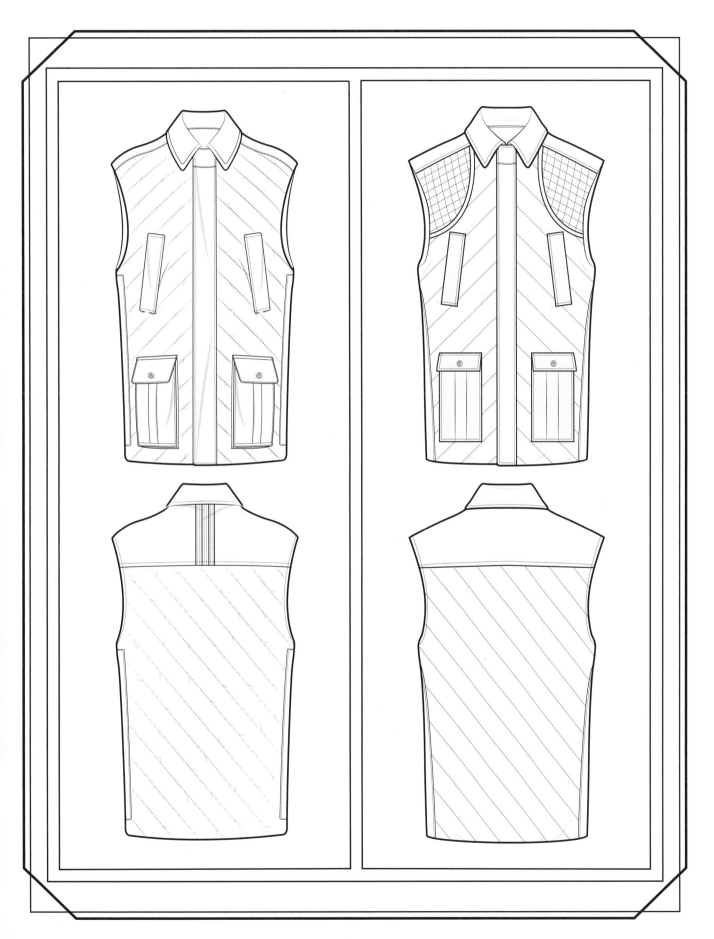

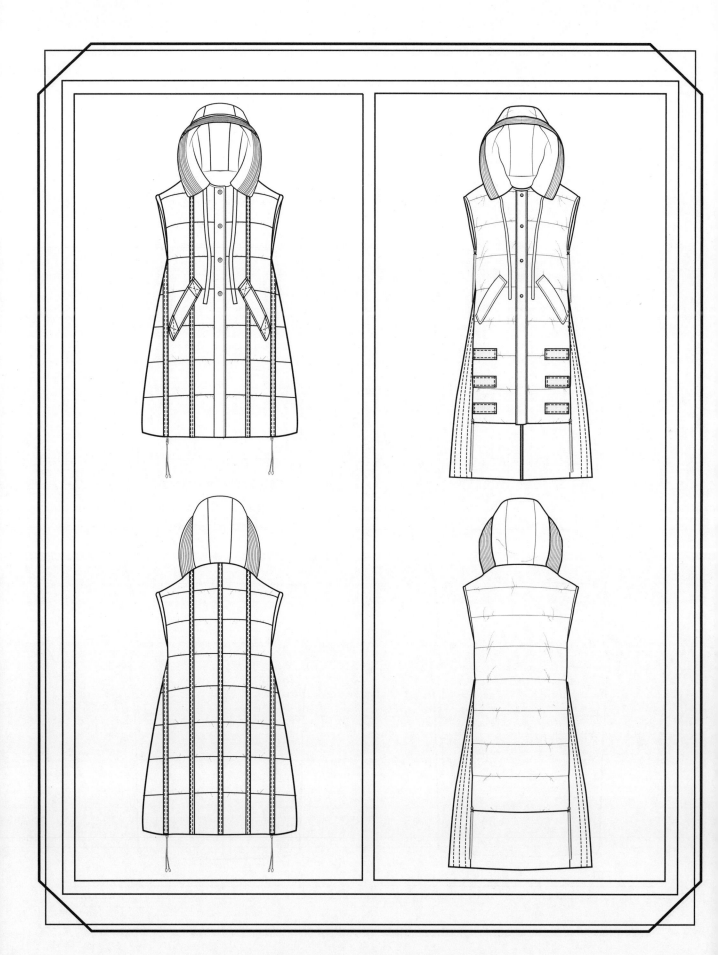

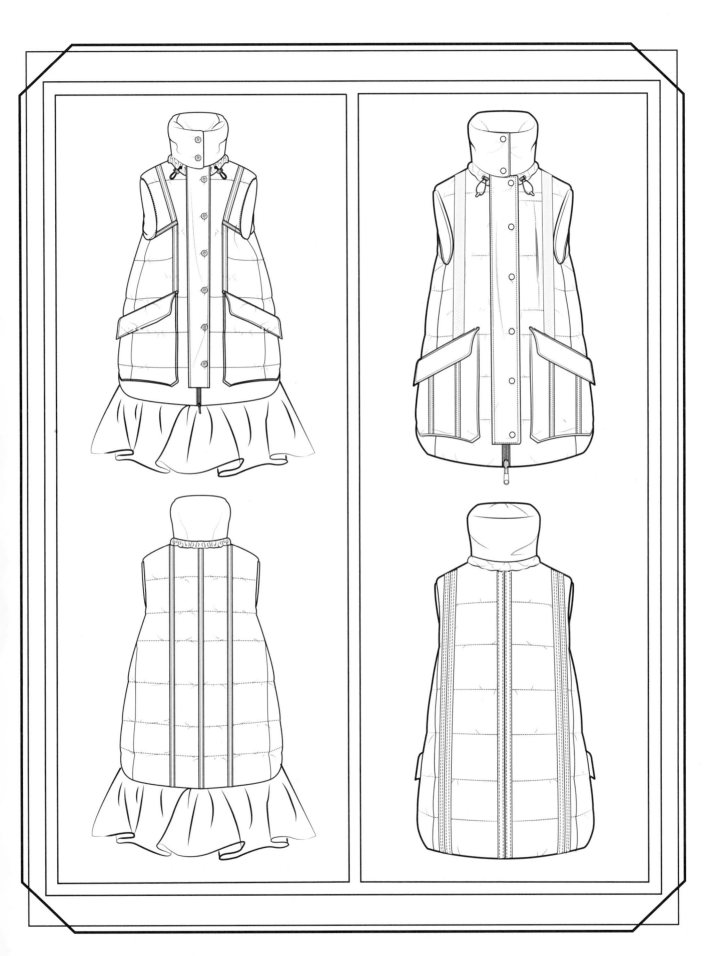

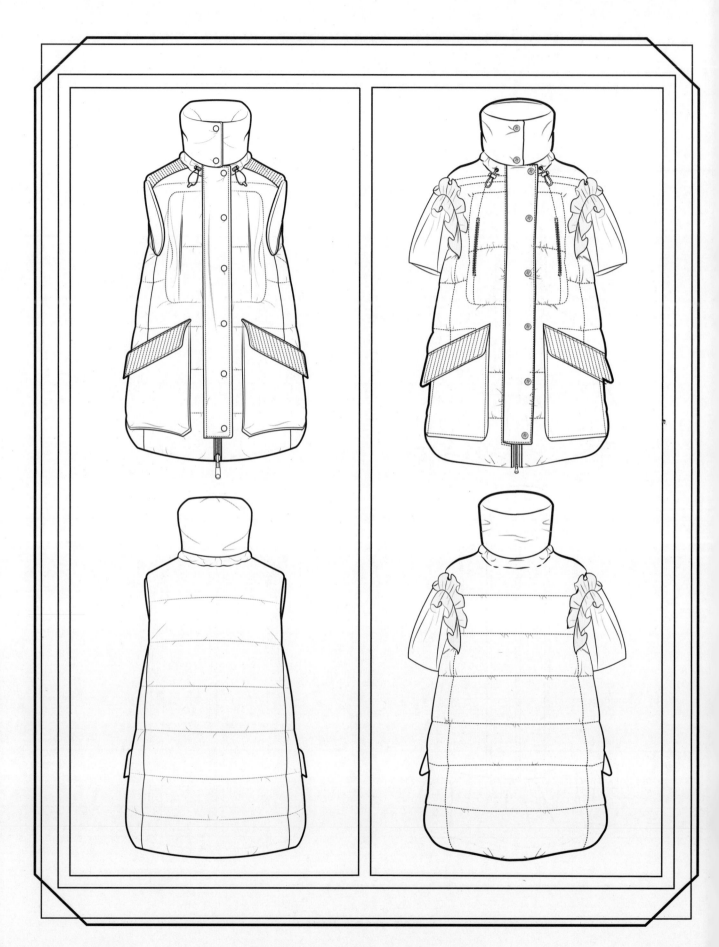